贝壳博物馆

[英]安德烈娅·萨尔瓦多 著

邢立达 朱天乐 译

何 径 审订

科学普及出版社

·北京·

图书在版编目（CIP）数据

贝壳博物馆 /（英）安德烈娅·萨尔瓦多著；邢立达，朱天乐译.
-- 北京：科学普及出版社，2024.6
书名原文：Interesting Shells
ISBN 978-7-110-10758-4

Ⅰ.①贝… Ⅱ.①安… ②邢… ③朱… Ⅲ.①贝类—青少年读物
Ⅳ.① Q959.215-49

中国国家版本馆 CIP 数据核字(2024)第 096854 号

Interesting Shells was published in England in 2022 by the Natural History Museum, London. Copyright © Natural History Museum, London. This Edition is published by China Science and Technology Press Co. Ltd. by arrangement with Natural History Museum.

本书中文版由英国自然历史博物馆授权中国科学技术出版社独家出版，未经出版社许可不得以任何方式抄袭、复制或节录任何部分

作者权合同登记号：01-2023-4268

策划编辑	单 亭　许 慧
责任编辑	向仁军　邬梓桐
封面设计	中文天地
正文设计	中文天地
责任校对	张晓莉
责任印制	李晓霖

出　　版	科学普及出版社
发　　行	中国科学技术出版社有限公司
地　　址	北京市海淀区中关村南大街 16 号
邮　　编	100081
发行电话	010-62173865
传　　真	010-62173081
网　　址	http://www.cspbooks.com.cn

开　　本	710mm×1000mm　1/16
字　　数	190 千字
印　　张	16.25
版　　次	2024 年 6 月第 1 版
印　　次	2024 年 6 月第 1 次印刷
印　　刷	北京瑞禾彩色印刷有限公司
书　　号	ISBN 978-7-110-10758-4 / Q·309
定　　价	128.00 元

（凡购买本社图书，如有缺页、倒页、脱页者，本社销售中心负责调换）

英国自然历史博物馆简介

位于伦敦的英国自然历史博物馆（Natural History Museum）其实不仅仅是旅游景点，还是一个世界一流的科研机构，其雇员中有 300 多名科学家，而且博物馆的藏品里有很多生物分类学中最重要的标本。其中英国自然历史博物馆收藏软体动物标本超过 800 万件，属于全球收集数量最多、分类最齐全的博物馆之一。这些标本对于我们了解人类从最初的简单搜集贝壳到形成生物分类学的历史，以及理解人类探究自然的渴望都有至关重要的意义。

作者简介

作者安德烈娅·萨尔瓦多是英国自然历史博物馆软体动物馆馆长，负责软体动物馆多年。她感兴趣的方向包括与软体动物学相关的收藏品历史研究、航行与探险等。她自孩童时代就开始收集贝壳，最喜欢的贝壳是缀壳螺，这个缀壳螺将自己装饰成了一个迷你的珍奇"博物馆"。

致谢

作者向凯文·韦布、罗伯托·波特拉米格斯、乔纳森·阿布利特、汤姆·怀特、苏珊娜·威廉姆斯、约翰·泰勒、Chong Chen、格雷厄姆·奥利弗、曼纽尔·马拉基亚斯、巴尔纳·帕尔·杰尔杰伊、玛尔塔·费雷拉、苏珊娜·塞莱斯蒂诺、海洋科学实验室（CIEMAR）和英国自然历史博物馆出版社致以谢意。

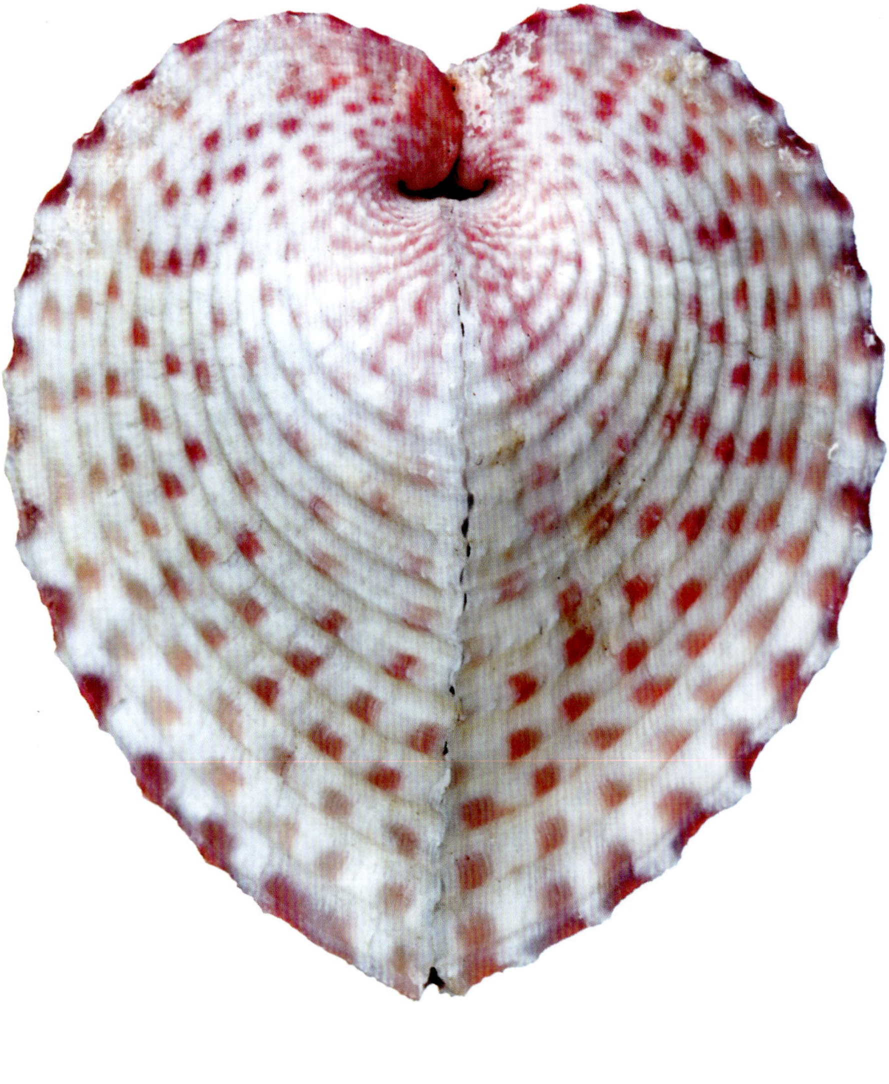

目录

1 / 前言

7 / 草莓钟螺

8 / 帕瓦（新西兰鲍）

11 / 百眼宝螺

12 / 扭法螺

15 / 五彩蜑螺

17 / 茶果宝螺

18 / 别致芋螺

21 / 澳洲骨螺

22 / 龙骨螺

24 / 扶轮螺

27 / 真宗紫螺

28 / 地图宝螺

31 / 琦螄螺（梯螺）

32 / 金斧凤凰螺

35 / 霍奇瑞提螺

37 / 黄金宝螺

38 / 巨车轮螺

41 / 卵梭螺（海兔螺）

42 / 帝王涡螺

45 / 染料骨螺

47 / 旋梯螺

48 / 可雅那翁戎螺

50 / 沙漠大蜗牛

52 / 长菱角螺

55 / 印度铅螺（印度圣螺）

57 / 多带大蜗牛

58 / 缀壳螺（衣笠螺）

60 / 灰土钟螺

63 / 奇异芝麻蜗牛

64 / 耳鲍

67 / 美丽尖柱螺

68 / 豆子帕图螺

71 / 向日葵星螺

72 / 货贝（黄宝螺）

75 / 海荣芋螺

76 / 七彩少女树蜗牛

79 / 大法螺

80 / 比萨茶蜗牛

82 / 女王凤凰螺

85 / 蚯蚓锥螺

87 / 古巴彩绘蜗牛

88 / 卡氏杨桃螺

91 / 柬埔寨德亚奇螺

92 / 丹尼森氏皱螺

95 / 美东枇杷螺

96 / 猫眼蝾螺

99 / 秀美千手螺

100 / 曲氏玉黍螺

102 / 沙纹两栖蜗牛

105 / 鹅足螺

107 / 朱克透孔螺

108 / 南非蝾螺

111 / 斑马涡螺

112 / 印尼椰子涡螺

115 / 长鼻螺

117 / 澳洲圣螺

119 / 花点鹑螺

120 / 河川蜷

123 / 杀手芋螺

124 / 蝎螺

126 / 帝王棘冠螺

129 / 平濑氏涡螺

131 / 风景榧螺

132 / 深沟凤螺

134 / 北黄玉黍螺

137 / 大理石芋螺

138 / 金字塔罩螺

140 / 栉棘骨螺（维纳斯骨螺）

142 / 金疙瘩帕迪螺

145 / 阿拉伯枣螺

146 / 尤族笠螺

149 / 雀斑玉螺

150 / 望远镜海蜷

153 / 翼法螺（枫叶法螺）

154 / 森根堡巴蜗牛

157 / 博氏潜水蜗牛

158 / 三彩捻螺（埃洛伊丝捻螺）

161 / 万宝螺

163 / 片鳞足螺

164 / 排线玉螺

167 / 艳红芭蕉螺

168 / 锦鲤笔螺

170 / 唐冠螺

173 / 巴比伦卷管螺

175 / 路易斯巴蜗牛

176 / 织锦蜓螺

179 / 扶手旋梯螺

180 / 扭口烟管螺

182 / 钻笋螺

185 / 北极蛤

186 / 珠母贝

189 / 油画海扇蛤

190 / 大江珧蛤

192 / 天使之翼鸥蛤

194 / 硬壳蛤（薪蛤）

196 / 大海扇蛤

199 / 美国海菊蛤

201 / 菱砗磲蛤（砗蠔）

202 / 椭圆满月蛤

205 / 狮爪海扇蛤

206 / 大砗磲

209 / 鸡冠牡蛎

210 / 褶纹冠蚌（鸡冠蚌）

212 / 龙王同心蛤

214 / 女王海扇蛤

217 / 女神鸟尾蛤

218 / 蛋糕帘蛤

220 / 云母海月蛤

223 / 天柱滤管蛤

224 / 锯齿牡蛎

227 / 黑丁蛎

228 / 长刺黄文蛤

231 / 菊花猴头蛤

232 / 秀峰文蛤

235 / 心鸟蛤（鸡心蛤）

237 / 舰船蛆

238 / 鹦鹉螺

241 / 扁船蛸

243 / 卷壳乌贼

244 / 疙瘩石鳖

246 / 绿象牙贝

248 / 术语

前言

本书插图中那些美丽的贝壳都属于软体动物。软体动物是地球上种类最为多样化的动物类群之一，它们是无脊椎动物，身体柔软，没有内骨骼。其中的主要成员有螺类、牡蛎、乌贼和石鳖等，它们都有独特的壳。绝大多数螺类的壳都是螺旋状的，牡蛎的外壳是成对的，可以闭合，乌贼的壳在体内，而石鳖的背上则有8块铠甲一样的壳板。不过并不是所有的软体动物都有壳，也有一些没有，比如蛞蝓和某些种类的章鱼。

外壳能够为柔软的身体提供保护，其主要成分是碳酸钙和贝壳硬蛋白，贝壳硬蛋白能够形成壳基质，这是碳酸钙汇集的基础。这两种成分都是由外套膜分泌而来的，这是包裹在软体动物身体外部的一层薄薄的组织。随着软体动物不断生长，外套膜持续分泌，形成的壳就会越来越大，于是也就给了自己身体更多的生长空间。

软体动物的体形差异很大，最小的螺类只有2毫米长，最大的如巨型乌贼，体长可达13米。软体动物分布广泛，无论陆地、淡水水域、海洋，还是雪山、沙漠、深海热泉，甚至热带雨林、珊瑚礁和岩质海岸，都是它们的家园。

世界上现存的软体动物归属于7个纲，其中的5个纲在本书中有所涉及。

腹足类软体动物（螺类和蛞蝓）

在软体动物中，腹足类最具多样性，所包含的物种数量也最多，包括海洋、陆地和淡水水域中所有的螺类和蛞蝓。腹足类软体动物的长度从几毫米到近1米不等，几乎在地球上的所有环境中都能找到。

螺类通常都有一个螺旋形的外壳，其形状、大小、颜色和图案各不相同。在遇到掠食者或危险环境时，很多螺类会把身体躲进壳中以保护自己免受伤害。有些螺类的足部还有一个口盖，可以在身体缩进壳中之后将进口完全盖住，就像是一个活动的门板。蛞蝓和半蛞蝓的壳已经极度退化，很多蛞蝓只有体内还残存着一片很小的盾板，所以它们无法像螺类一样躲藏。

腹足类软体动物进食时会用到一种叫齿舌的器官，由于腹足类软体动物的食性很复杂，它们有的是肉食性的，有的是植食性的，还有的则是机会性的食腐动物，因此其齿舌形状也各不相同。大多数螺类的齿舌就是一个粗糙的舌头状器官，表面布满微小的牙齿，可以像研磨器一样将食物磨碎；而对于有些会主动捕猎的腹足类软体动物来说，比如锥螺（鸡心螺），它们的齿舌是鱼叉状的，能够像飞镖一样快速扎进猎物体内并注入毒液，使猎物迅速瘫痪。

双壳类软体动物（帘蛤、贻贝、扇贝和牡蛎）

双壳类在软体动物中的多样性可排第二位。顾名思义，双壳类软体动物都有两片外壳。出于包裹和保护内部柔软身体的目的，它们的外壳通常是紧密闭合的。两片外壳通过壳顶的绞合部连接在一起，附着在壳的内表面的强壮肌肉可以控制外壳的张开和闭合。与腹足类软体动物一样，双壳类软体动物外壳的大小、形状和颜色也差异极大。大多数双壳类软体动物都是滤食性的，它们通过从周围的水环境中摄取微小的有机物颗粒而生存。

双壳类软体动物都是水生动物，生活在淡水水域和海洋中，而且从海岸边到海底深处都可见它们的身影。有些双壳类软体动物通过体内伸出的一种被称为足丝（byssus）的丝状物附着在岩石或其他物体的坚硬表面上；有一些则可以自由游动，到处旅行。它们可以把自己藏进泥土或沙子里，有些甚至可以钻进木头或软岩里。

头足类软体动物（章鱼、墨鱼、鹦鹉螺）
头足类软体动物的成员魅力非凡，它们当中唯一有外壳的是鹦鹉螺，而墨鱼和枪乌贼的壳在体内［它们体内有退化的内壳，分别被称为墨鱼骨（cuttlebone）和羽状壳（pen）］。此外还有章鱼，绝大多数章鱼完全没有壳。它们基本上都是游泳高手，能够将水从身体后部由外套膜组织延伸而形成的一个漏斗口高速喷射出去，推动身体前进。头足类软体动物都是肉食性的，有长长的腕足（触手）和强有力的形如鸟喙的嘴，用来抓住和撕开猎物。世界上现生的头足类软体动物大约有 800 种，都生活在海洋中。

多板类软体动物（石鳖）
石鳖是一种椭圆形的软体动物，看起来像是蛞蝓披了一身铠甲。它们

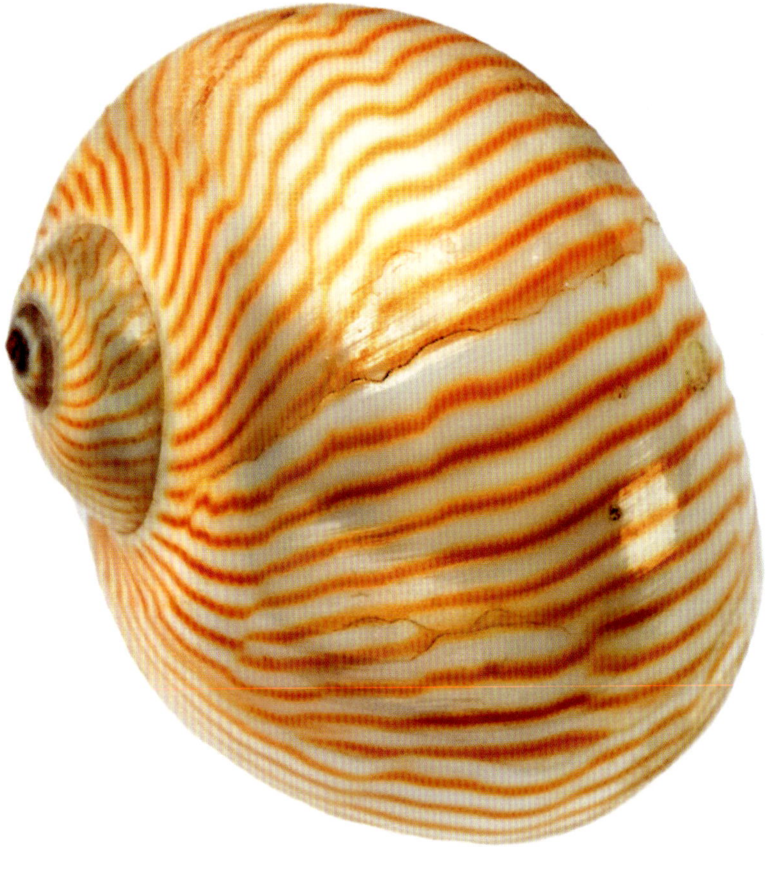

大多生活在岩石海岸，以藻类为食。它们的外壳由 8 个独立的、覆瓦状排列的壳板组成，壳板通过外围的一圈环带结构连接在一起。在壳板下面有一个强健有力的足，几乎占据整个身体腹面大小，能够粘在岩石或其他坚硬的表面。大多数石鳖的体形相对较小，但最大的也可以长到 30 厘米。

掘足类软体动物（象牙贝）

掘足类软体动物成员都有稍微弯曲的、锥形的壳，类似于一个迷你型的象牙。它们在海洋中，浅水区域和深海都有分布。它们把自己埋在沙子或泥土里，只有细端的壳从海床上冒出来，然后伸出黏黏的触手，以粘住的微生物为食。最大的掘足类动物的体长可达 12 厘米。

单板类软体动物

单板类软体动物的大小从 2 毫米到 35 毫米，有类似笠贝的帽状外壳。在 20 世纪 50 年代发现有现生种之前，人们一直认为单板类软体动物早已灭绝。它们生活在深海中，以藻类和微生物为食。

无板类软体动物

无板类软体动物都是小型的蠕虫状软体动物，没有壳，但是体表覆盖着石灰质的骨针。它们只生活在海洋中，大多栖息于深海，体长介于 1 毫米到 300 毫米。

本书中所有的贝壳都来自位于伦敦的英国自然历史博物馆的收藏。标记的贝壳尺寸指的是其最大的尺寸（包括壳上的棘刺或其他附着物）。附注的地理信息为该物种的已知生活范围。

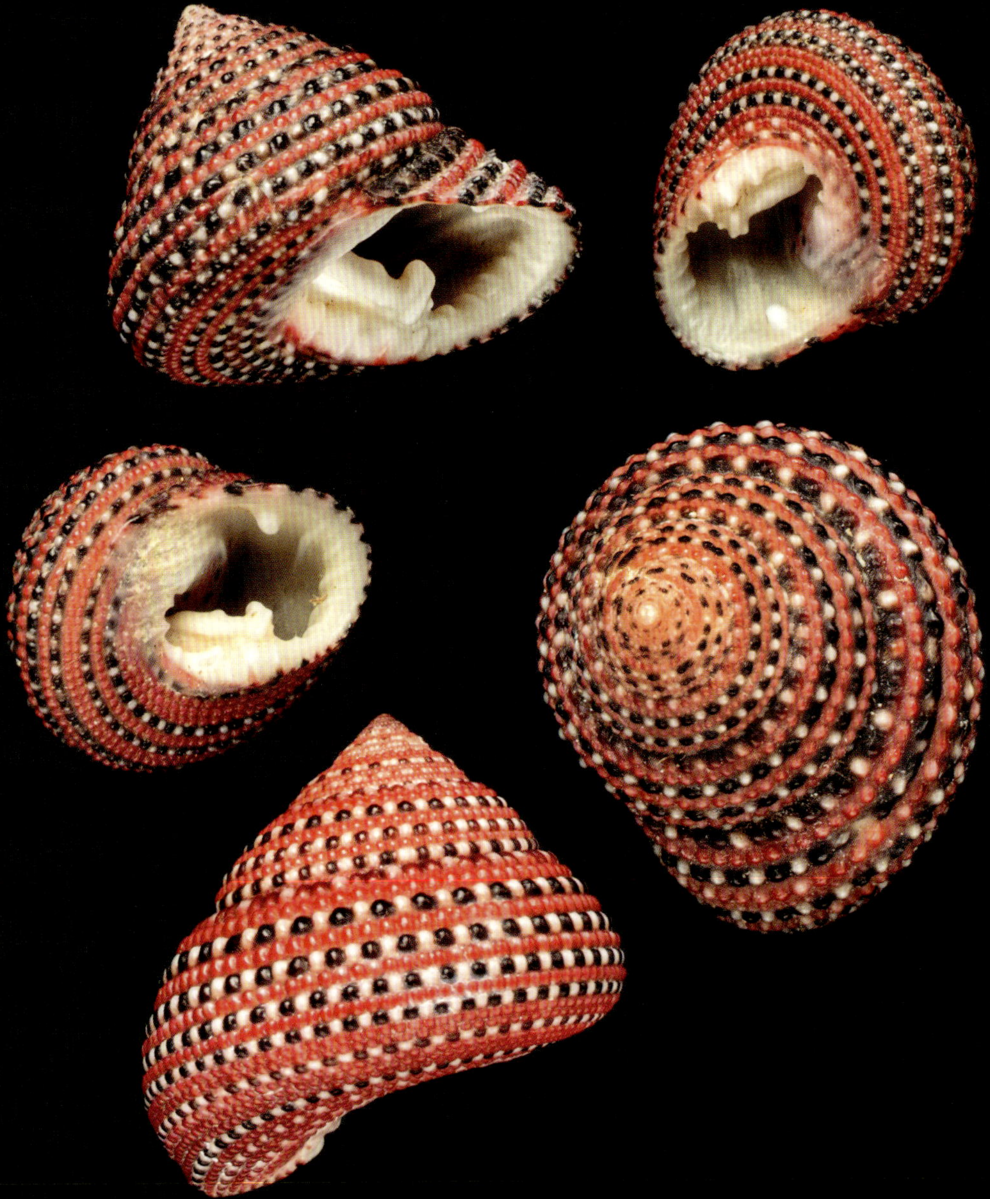

草莓钟螺
Clanculus pharaonius

　　几个世纪以来，软体动物贝壳上丰富的颜色和奇妙的图案一直深深吸引着收藏者的目光。这些颜色源自外壳中存在的生物色素。软体动物从食物中吸收或是自己合成生物色素，并分泌到生长中的外壳边缘，使其进入外壳当中。草莓钟螺不仅色彩艳丽，而且图案独特，那一圈圈以不同颜色交替出现的精细串珠令人叹为观止。这种海螺通常成群地栖息在浅水区的岩石和碎珊瑚下。少数腹足类软体动物的外壳中含有卟啉色素，因此在紫外线下可以发出红色荧光，草莓钟螺就是其中之一。

分布
红海、印度洋
尺寸
2 厘米

帕瓦（新西兰鲍）
Haliotis iris

　　软体动物的外壳成分主要是碳酸钙，由其从食物和海水中摄取，结构有三层，由外套膜同时分泌形成。外层是角质层（periostracum），通常呈棕色或黑色，不过某些种类的贝壳没有角质层。第二层被称为介壳（ostracum），由方解石晶体形成。第三层是内壳层（hypostracum），也叫下角层，主要成分是霰石（方解石和霰石是碳酸钙的不同形式）。有一些软体动物的贝壳中，霰石晶体以类似珍珠母的形式逐层重叠黏合在一起。我们看到的贝壳的彩虹色其实并非来自贝壳中的颜料，而是源于晶体的物理特性。有珍珠母的贝壳，像右图这种美丽的新西兰鲍外壳，可以经过抛光后雕刻成珠宝、纽扣或其他装饰品。新西兰鲍是一种新西兰特有的鲍鱼，以其蓝色和绿色为主的斑斓的珍珠母而闻名。

分布

新西兰

尺寸

12.5 厘米

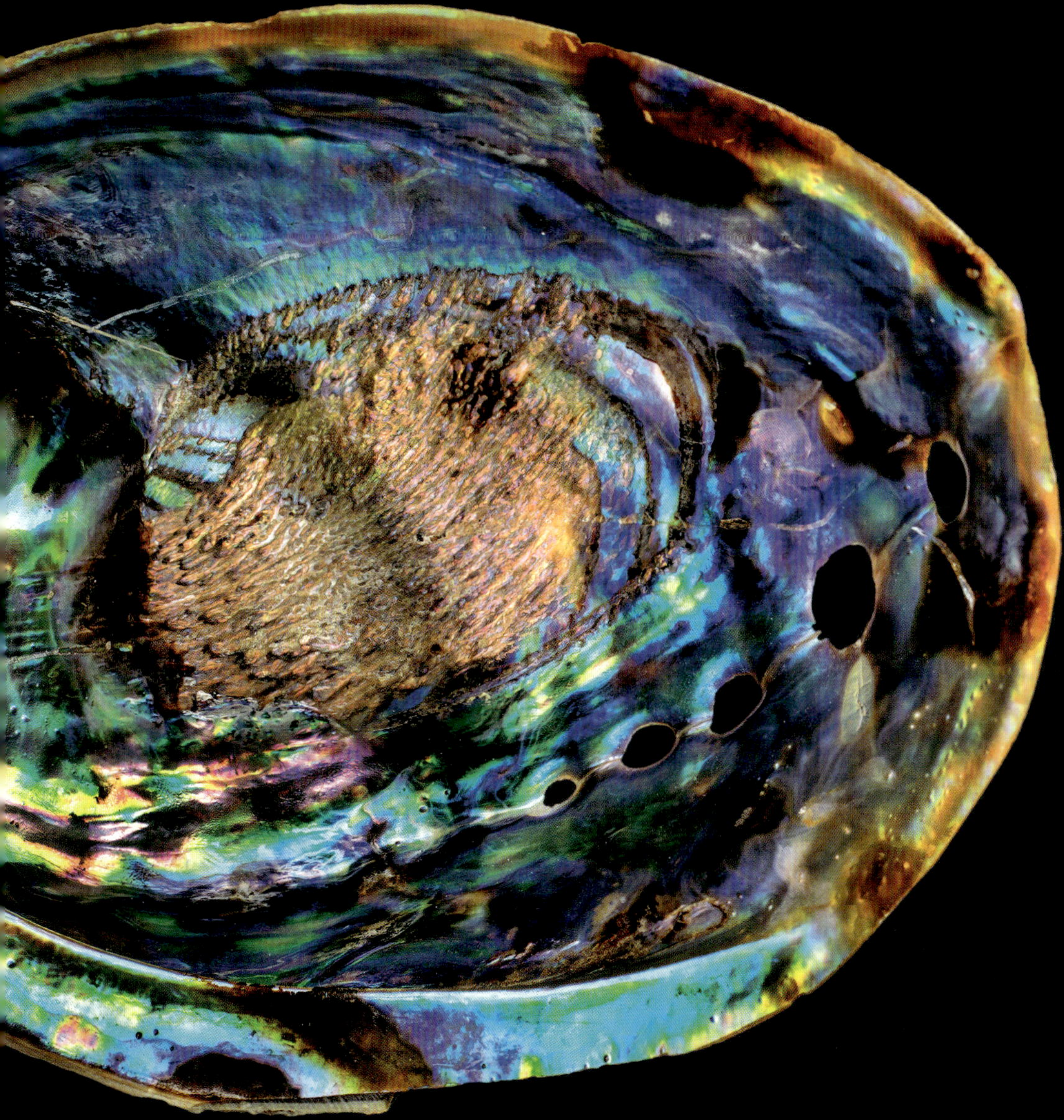

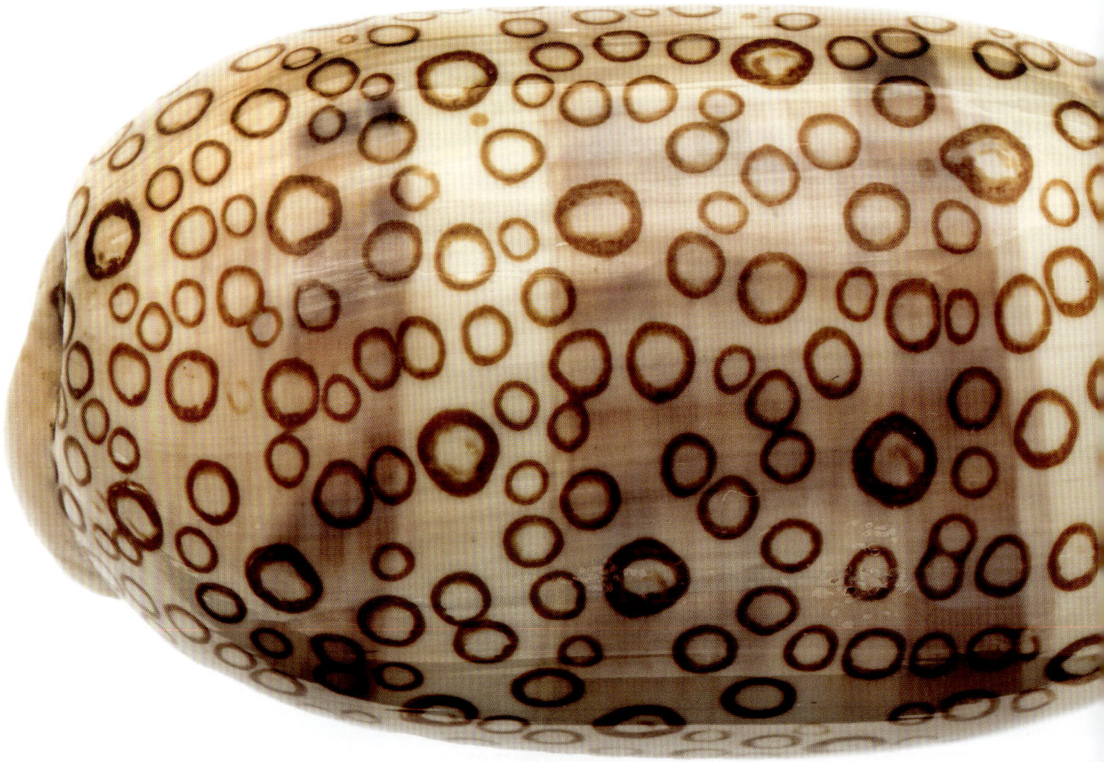

百眼宝螺

Arestorides argus

科学家为所有动植物都确定了一个由两部分组成的名字，第一部分是属名，第二部分是种名，这被称为双名制命名法，由瑞典科学家卡尔·林奈（Carl Linnaeus，1707—1778）设计。林奈本人在1758年描述了图中的这种贝壳，他说覆盖在贝壳上的无数棕色的圆圈让他想起了希腊神话中的百眼巨人阿尔戈斯·帕诺提斯（Argus Panoptes），而帕诺提斯在古希腊语中的意思就是"看见一切的人"。

分布

印度洋－太平洋海域

尺寸

7.5 厘米

扭法螺

Distorsio anus

　　扭法螺是腹足类软体动物中最为独特的物种之一，其外壳极度扭曲，以不均匀的螺旋状生长，看起来非常怪诞。这种奇特的外形是因为在扭法螺的生长过程中，其螺壳开口处的纵肋（也称唇留肋）仍然保留在原处，导致新的纵肋必须在原有纵肋的基础上生长。螺层是螺壳上的一个完整的螺旋，纵肋则是螺壳开口处的外缘，形似加厚的肋骨。纵肋是在螺壳停止生长的阶段形成的，是对外壳开口边缘部分的强化和加固，它的出现也就意味着生长的中断。扭法螺的纵肋生长通常在浅水中进行，因为它们需要从所栖息的珊瑚礁基质中吸收外壳形成所需的成分。

分布
印度洋－太平洋海域

尺寸
7厘米

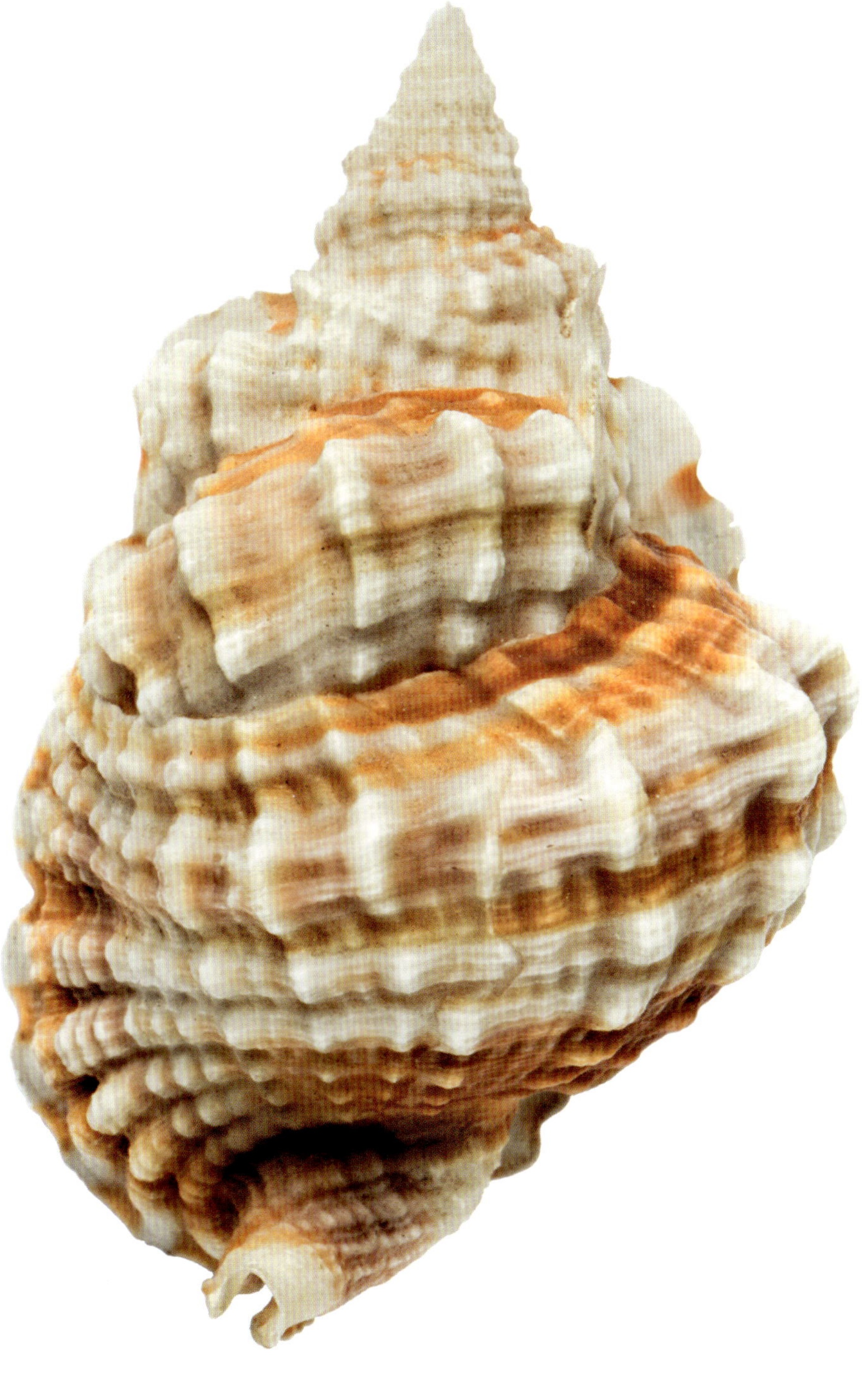

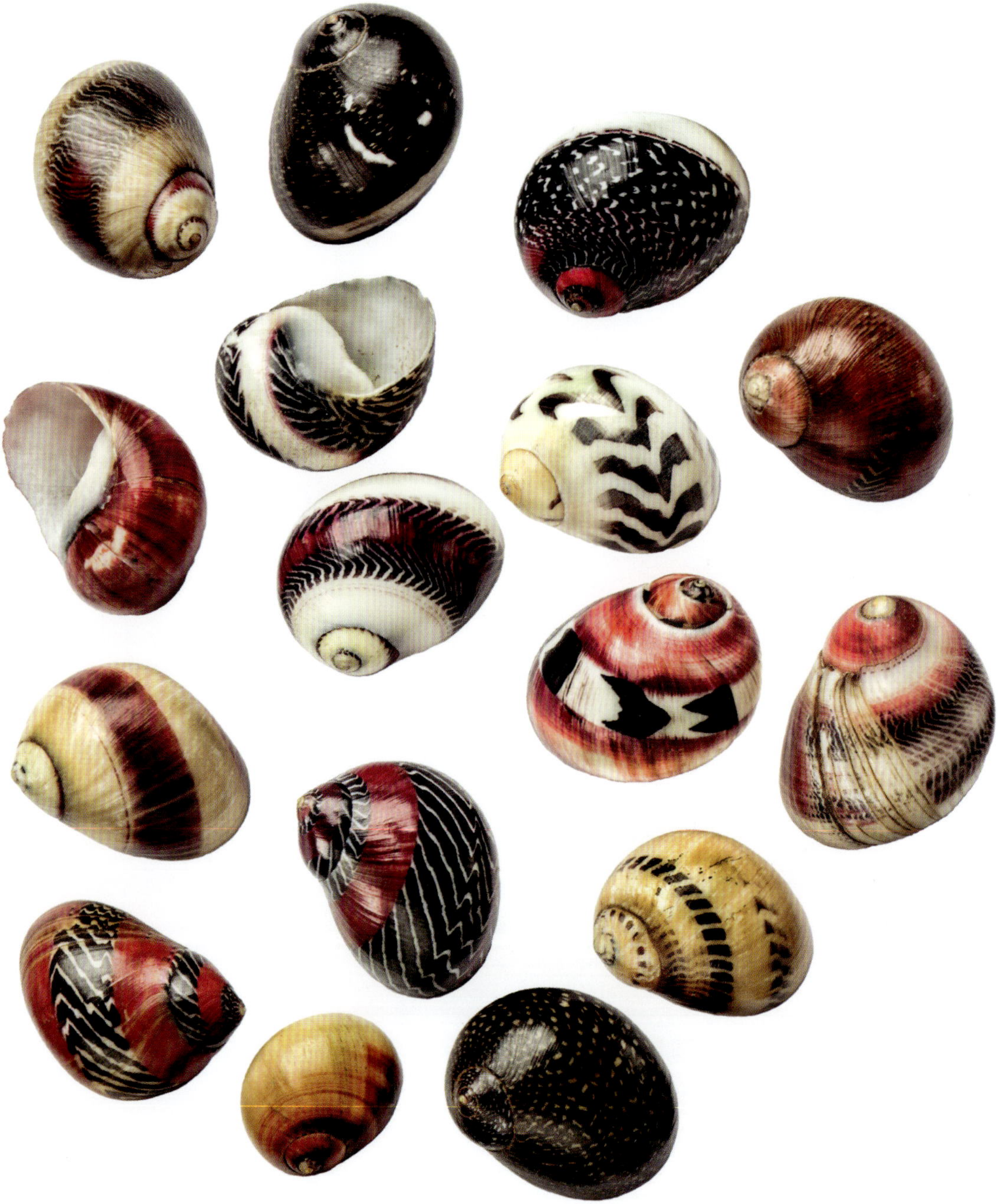

五彩蜑螺

Vittina waigiensis

  五彩蜑螺是淡水螺类，它们的壳色彩鲜艳，是软体动物的贝壳颜色多样性的一个极好例证。尽管这些螺壳的图案各不相同，但它们都属同一物种，这种在一个物种内的可变外观被称为多态性。看起来不同能带来什么好处？答案可能很简单：如果它们看起来都一样，那么它们的捕食者在捕猎时只需要记住一种螺的样貌，但当每个螺身上的图案都不一样时，那么捕食者就很难对这种螺建立前后一致的搜索记忆，从而达到使捕食者混淆记忆、增加捕食难度的目的。

分布

西南太平洋

尺寸

1.5 厘米

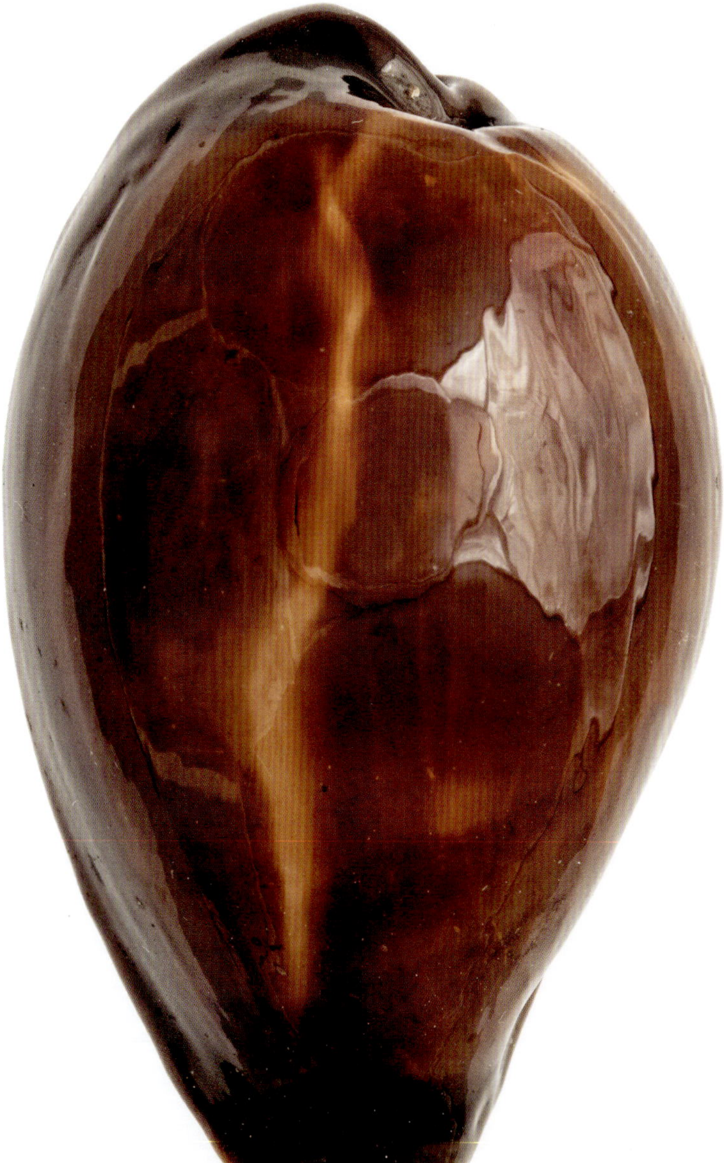

茶果宝螺

Erronea adusta

　　茶果宝螺的外壳表面光滑无比，像是经过打磨一样，它是由这种贝壳内部的双叶外套膜延伸形成的。外套膜是软体动物的一种解剖结构，能分泌碳酸钙和壳基质来形成贝壳。对于茶果宝螺来说，其延伸的外套膜覆盖了整个外壳。外壳上的那些弯曲的线通常标志着两片外套膜相遇的位置。外套膜不仅能够形成外壳和使得色素沉积，以及保护贝壳免受寄生虫的侵害，还可以修复外壳上由于侵蚀或捕食者侵害而造成的裂缝和孔洞。有很多软体动物的外套膜还有助于伪装，它能够完全掩盖贝壳的图案，并将其与周围环境融合在一起。

分布

印度洋、美拉尼西亚

尺寸

4.5 厘米

别致芋螺

Conus betulinus

别致芋螺深受收藏家的喜爱，它们的外形比较独特，很容易识别，不过其外壳的颜色和图案变化很大。这种腹足类软体动物分布于全球范围内的热带和亚热带海洋中，其多样性最高的地方是热带印度－西太平洋地区。它们生活在沙质海底、岩石或珊瑚礁之间。别致芋螺是肉食性的，它们在捕猎方面非常专业——捕食海洋蠕虫、鱼类以及其他软体动物。它们用鱼叉状的齿舌咬住猎物并向猎物体内注入一种芋螺毒素，使猎物迅速麻痹。

分布

印度洋－太平洋海域

尺寸

6厘米

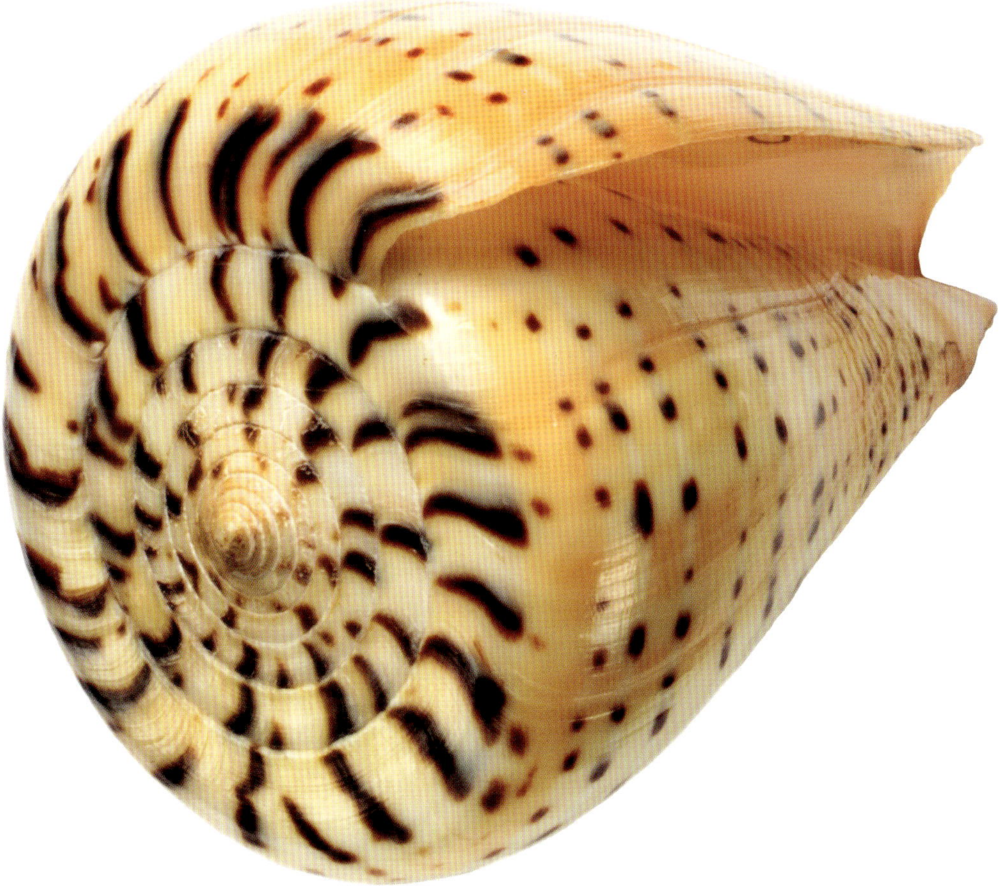

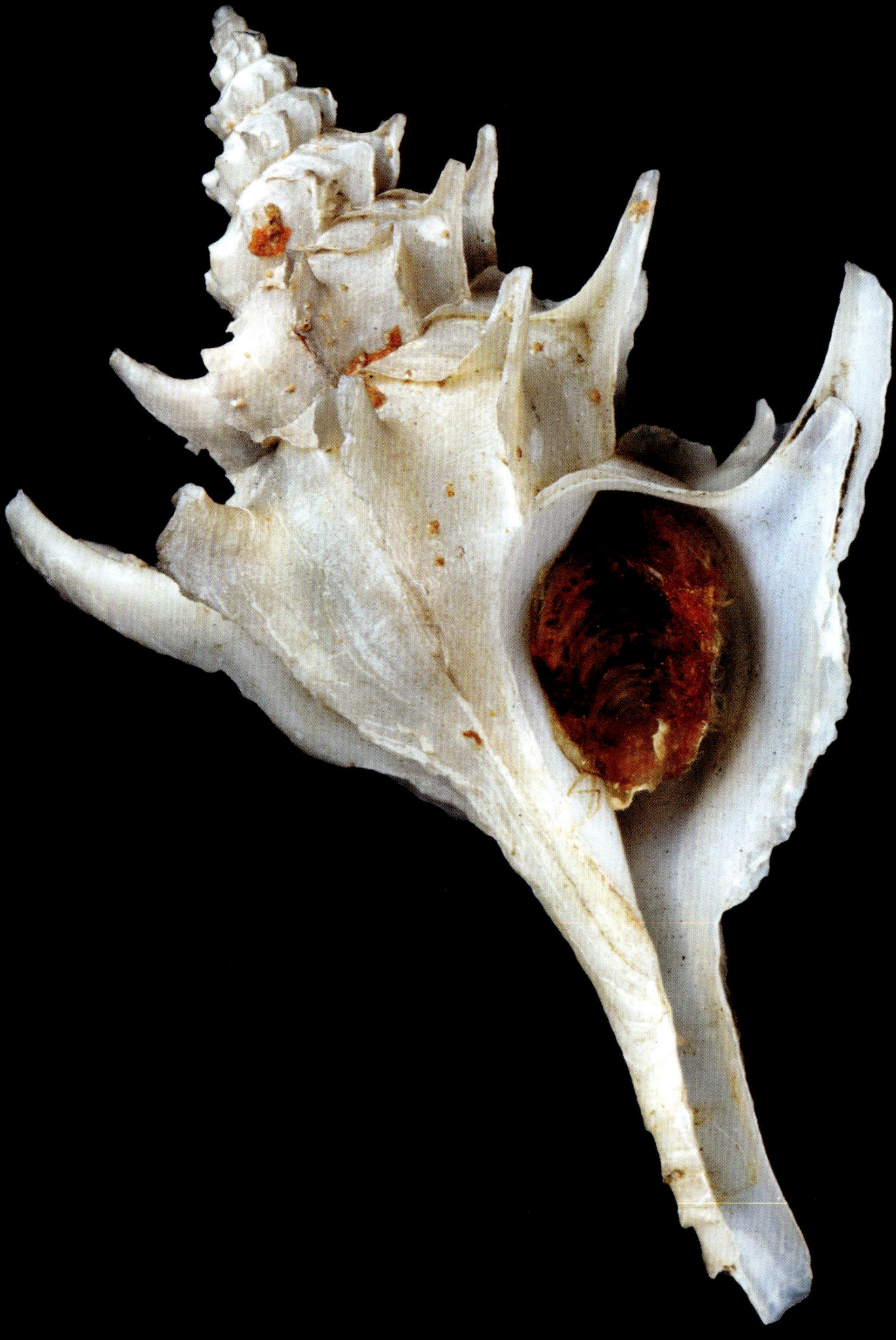

澳洲骨螺
Enixotrophon carduelis

英国皇家海军军舰"挑战者"号是历史上第一艘海洋研究船,她开展了人类对深海研究的第一次重大尝试。从 1872 年到 1876 年,"挑战者"号载着一群来自不同国家的科学家进行了环球科学考察。科学家们从 362 个海洋观测点收集了数据,从物理学和生物学的角度调查了海洋的各个方面。这次考察带回了 600 多箱标本和资料,76 名科学家花了大约 20 年的时间进行分析、鉴定和描述。通过这次远洋考察,科学家们发现了 47000 多种海洋生物的新物种,而且彻底证明了即使是在海洋的最深处,也有生命的存在。澳洲骨螺是由罗伯特·布格·沃森牧师(Robert Boog Watson,1823—1910)发现并描述的,他是一位苏格兰软体动物学家,负责对该次航行中收集的腹足类和掘足类软体动物进行研究报告。

分布
澳大利亚、塔斯马尼亚、新西兰和印度尼西亚

尺寸
3 厘米

龙骨螺 ①

Carinaria cristata

　　这种贝壳很薄，易碎，呈半透明状，好像是由上等的玻璃纤维制成。它起初被认为是一种小鹦鹉螺的壳，这也是它的名字的由来，但它实际上是一种生活在远海的异足类海洋软体动物的壳。异足类是全浮游性生物，也就是说它们一生都悬浮在水层中随波逐流。它们生活的区域为从海面以下直到约500米深处。龙骨螺是活跃的捕食者，以其他各种浮游生物为食，包括浮游腹足类动物、小鱼和甲壳类动物。它们有结构复杂的眼睛，所以能够发现和追逐猎物。龙骨螺是最大的异足类海洋软体动物。

分布
印度洋至西太平洋地区

尺寸
7 厘米

---

① 龙骨螺，英文为 Glassy nautilus，字面意思是"玻璃鹦鹉螺"，译者注。

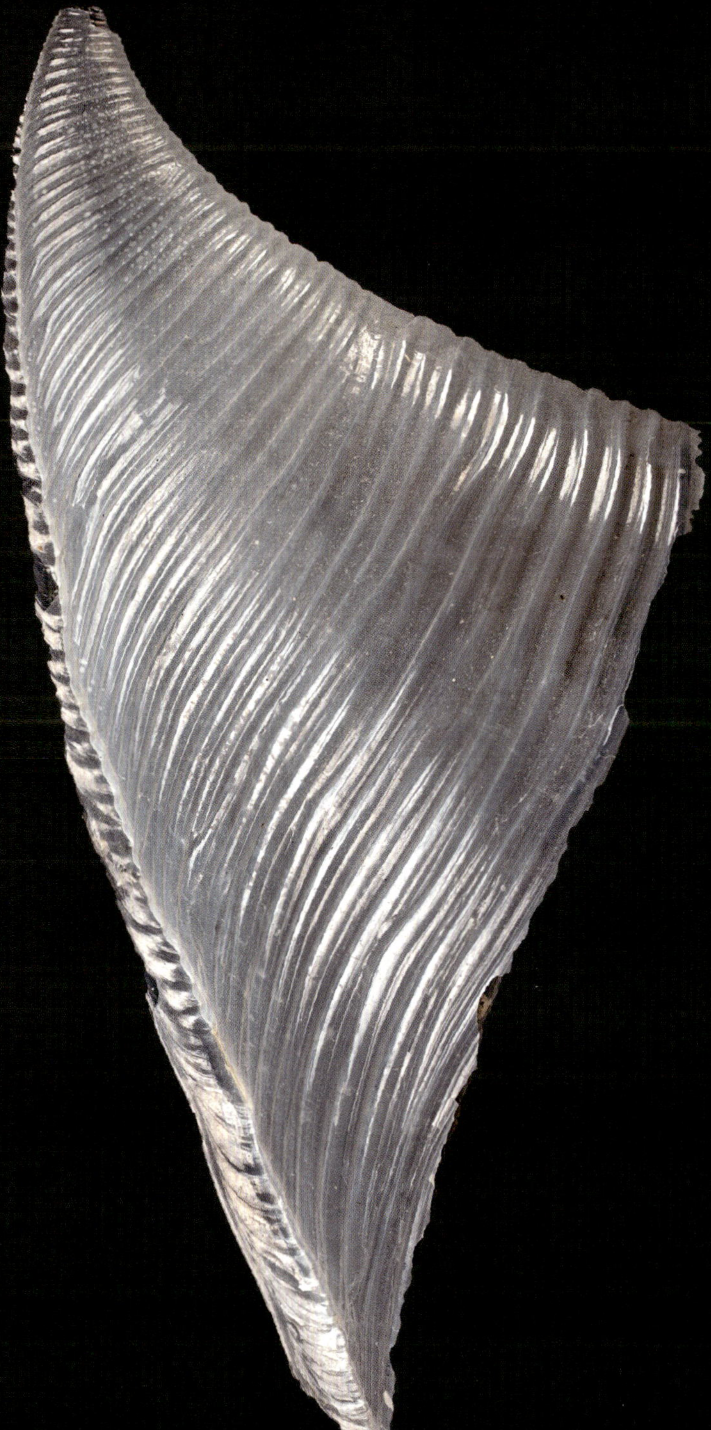

扶轮螺
Stellaria solaris

　　这种美丽的浅色贝壳是扶轮螺，其种名 solaris 的意思是"星星的，太阳的"。这种海螺生活在热带地区浅海大陆架 18～200 米深处的泥沙上，它们能过滤沉积物，以其中的腐质和有孔虫类为食。扶轮螺贝壳的外缘有十多根细长但钝头的棘突，使得其原本就令人惊奇的对称性进一步得到提升。这些棘突既增加了它们的活动范围，也提高了稳定性。通过使用这些棘突，扶轮螺能够像踩高跷一样让自己离开海床。

分布
印度洋－太平洋海域，红海，波斯湾
尺寸
10.5 厘米（含棘突）

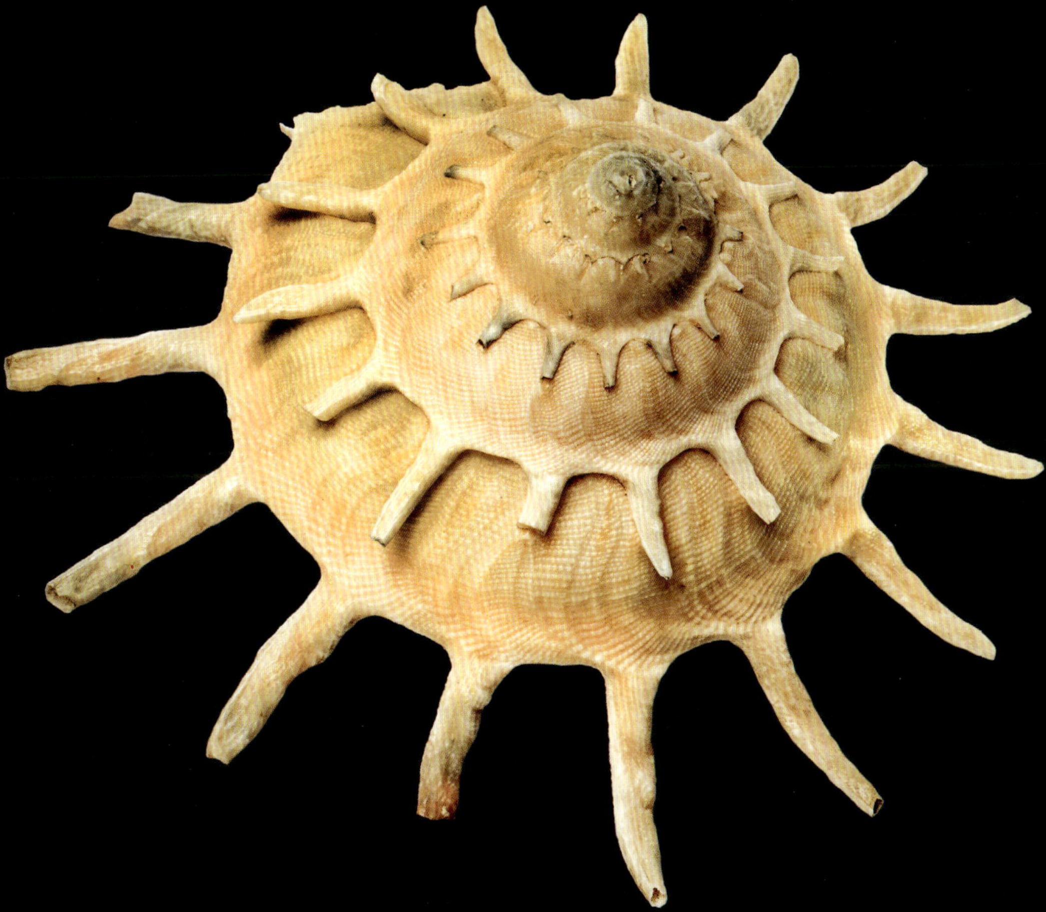

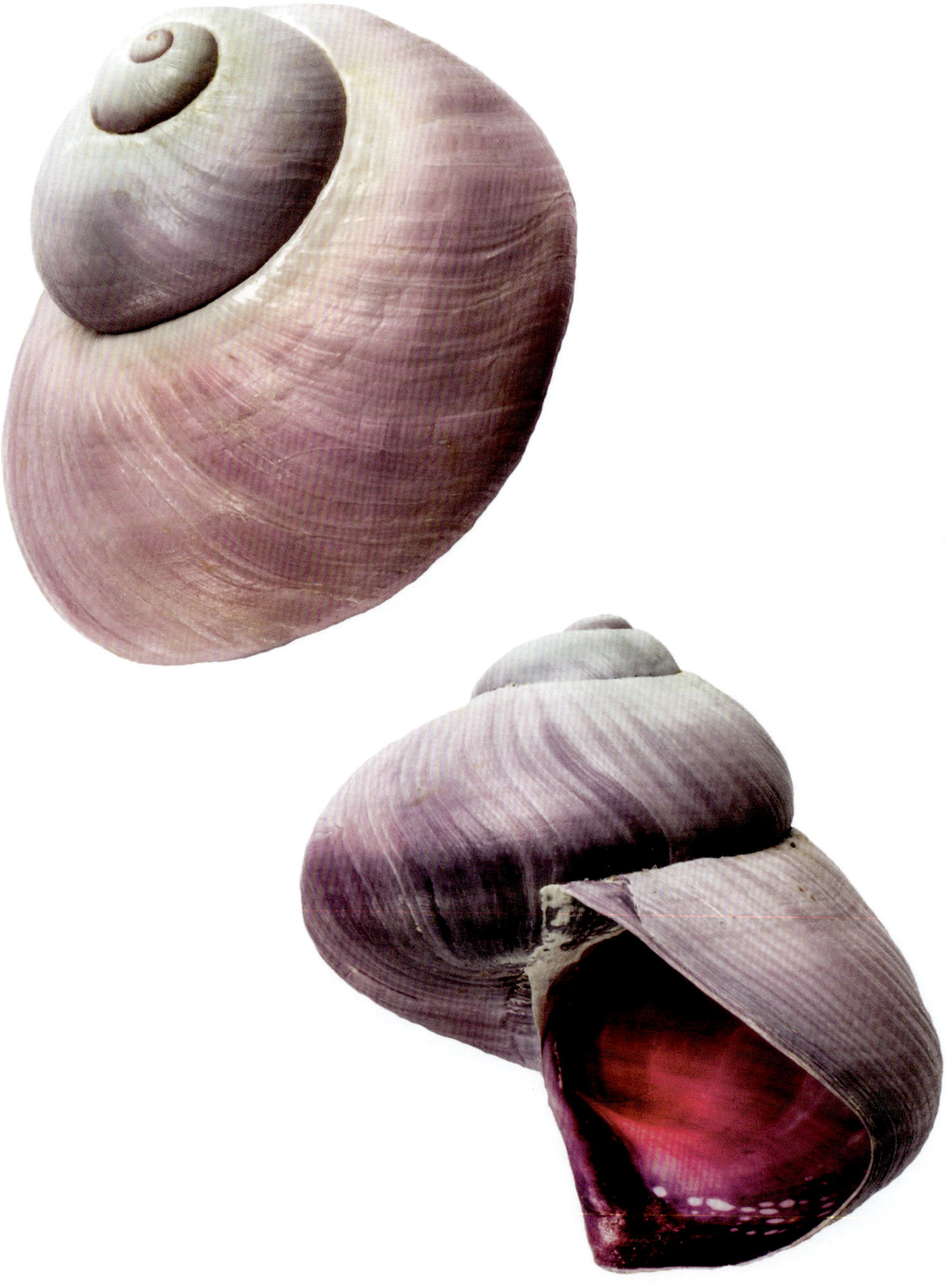

真宗紫螺

Janthina janthina

成年的真宗紫螺会一直在开阔海面上漂流。它们通过腹足部的一种黏液捕获水中的空气，形成气泡，将其作为"漂流筏"。用来制造漂流筏的黏液在化学上很稳定，因此气泡不会轻易破裂，可以保持很长时间。这种海螺的紫色外壳像纸一样薄，非常轻，而且由于它在水中始终保持上下颠倒的位置，还产生了反荫蔽的效果。反荫蔽是动物的一种伪装方法，其特征是动物身体的一边是深色的，另一边是浅色的。由于真宗紫螺外壳的上下两边呈现深浅不一的紫色，使其外壳与周围的环境产生融合，于是捕食者很难从上方或下方看到它。真宗紫螺是肉食性动物，它们以僧帽水母等水螅虫类为食。真宗紫螺不会游泳，因此它们完全依靠风和洋流来寻找猎物和寻求配偶。

分布

全球热带和温带的温暖水域

尺寸

4 厘米

地图宝螺

Leporicypraea mappa

现存的地图宝螺大约有 200 种，广泛分布在热带和亚热带的海洋生态系统中，它们主要生活在浅水区的珊瑚礁上。地图宝螺白天躲在珊瑚礁的缝隙里和石板下面，只有在夜间才会出来活动。几乎所有的地图宝螺都是肉食性的，但也有个别以藻类等有机物为食。这些螺类也有天敌，有些鱼类会翻动岩石和打碎珊瑚来寻找它们，而章鱼和其他软体动物甚至可以在这些螺类的外壳上钻洞来杀死并吃掉它们。

分布
西太平洋

尺寸
8 厘米

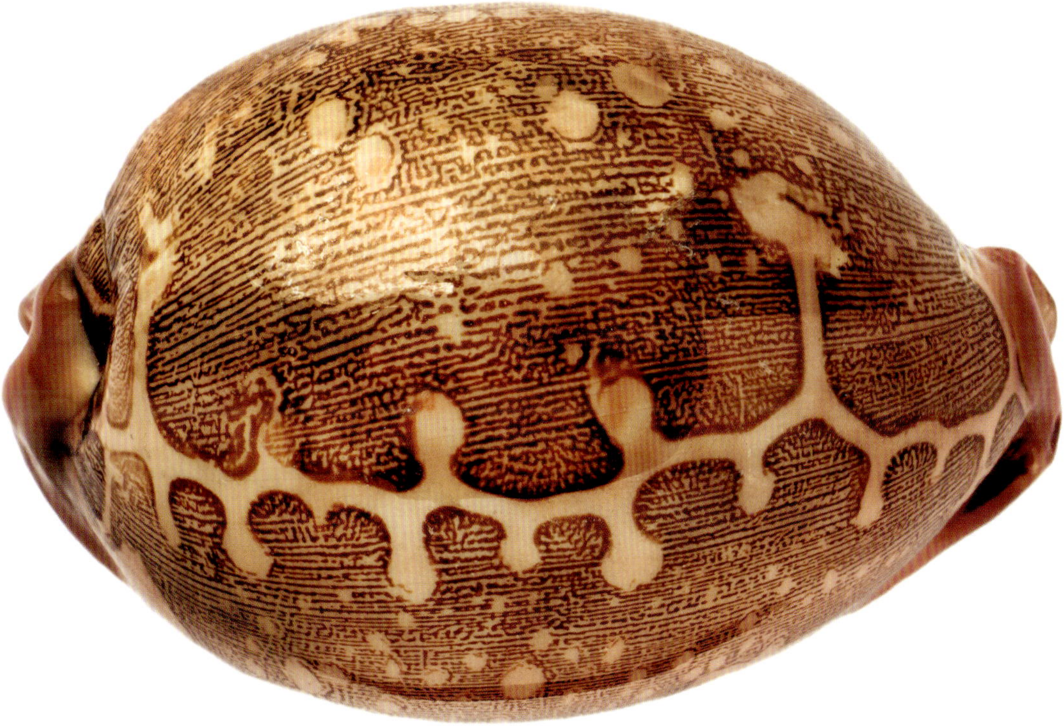

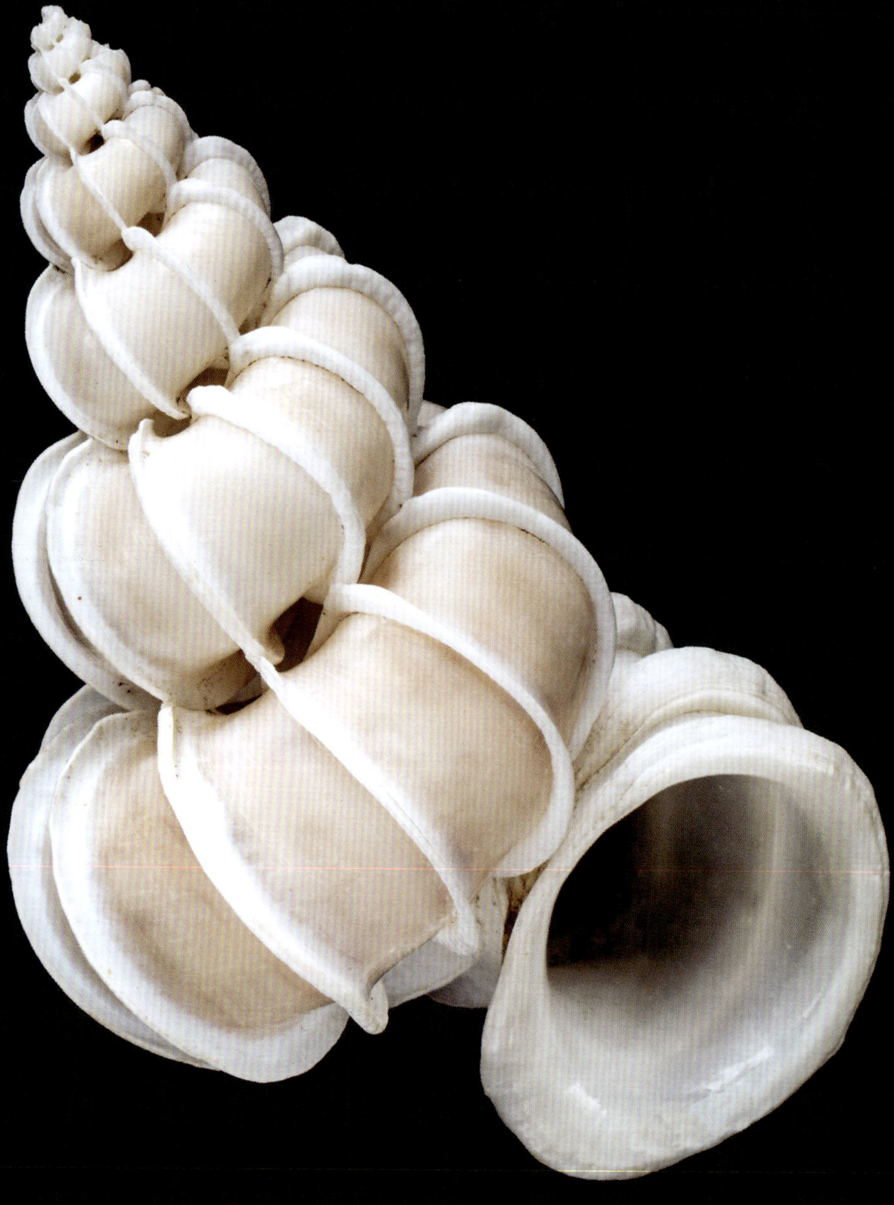

琦蛳螺（梯螺）
Epitonium scalare

琦蛳螺曾经被认为非常罕见，因而很珍贵。它的独特之处在于其螺层并不像大多数螺旋腹足类动物那样紧密相连，而是靠很多条白色的被称为螺肋的脊连接在一起，并在螺层之间留下空隙。在 17 和 18 世纪，这些贝壳非常受欢迎，每枚能卖到几百英镑，市场上甚至出现了用米粉伪造的假货。不过，据说这些伪造的贝壳很快就被买主发现了，因为当他们把这些假贝壳浸入水中清洗时，这些珍贵的海螺很快就变成毫无价值的米粉团。虽然现在琦蛳螺的稀缺性已经不像以前了，但仍然是贝壳收藏家追寻的珍品，只是它们现在的价格和早期相比已不可同日而语了。

分布
印度洋 – 太平洋海域
尺寸
6.5 厘米

金斧凤凰螺

Mirabilistrombus listeri

英国博物学家、医生马丁·李斯特（Martin Lister，1639—1712）撰写的《软体动物历史》（*History of Molluscs*，出版于1685—1692年）是世界上第一部关于贝壳学的综合研究著作。这部书意义非凡，其中有1000多张铜版印刷画，详细描绘了世界各地收集的贝壳和软体动物。马丁的女儿苏珊娜（Susanna，1670—1738）和安娜（Anna，1671—1700）绘制了书中的标本插图并制作了刻版。这部书的第一部分出版于1685年，当时姐妹俩分别才15岁和14岁。17世纪末，李斯特父女在书中绘制了图中这种海螺，而直到150多年后它才被描述和命名。1852年，托马斯·格雷（Thomas Gray）在对这种海螺进行描述时，将其命名为：李斯特的海螺（Lister's conch），理由是"马丁·李斯特的成就诠释了什么是孜孜不倦的勤奋和毅力"。

分布

西北印度洋，安达曼海

尺寸

10厘米

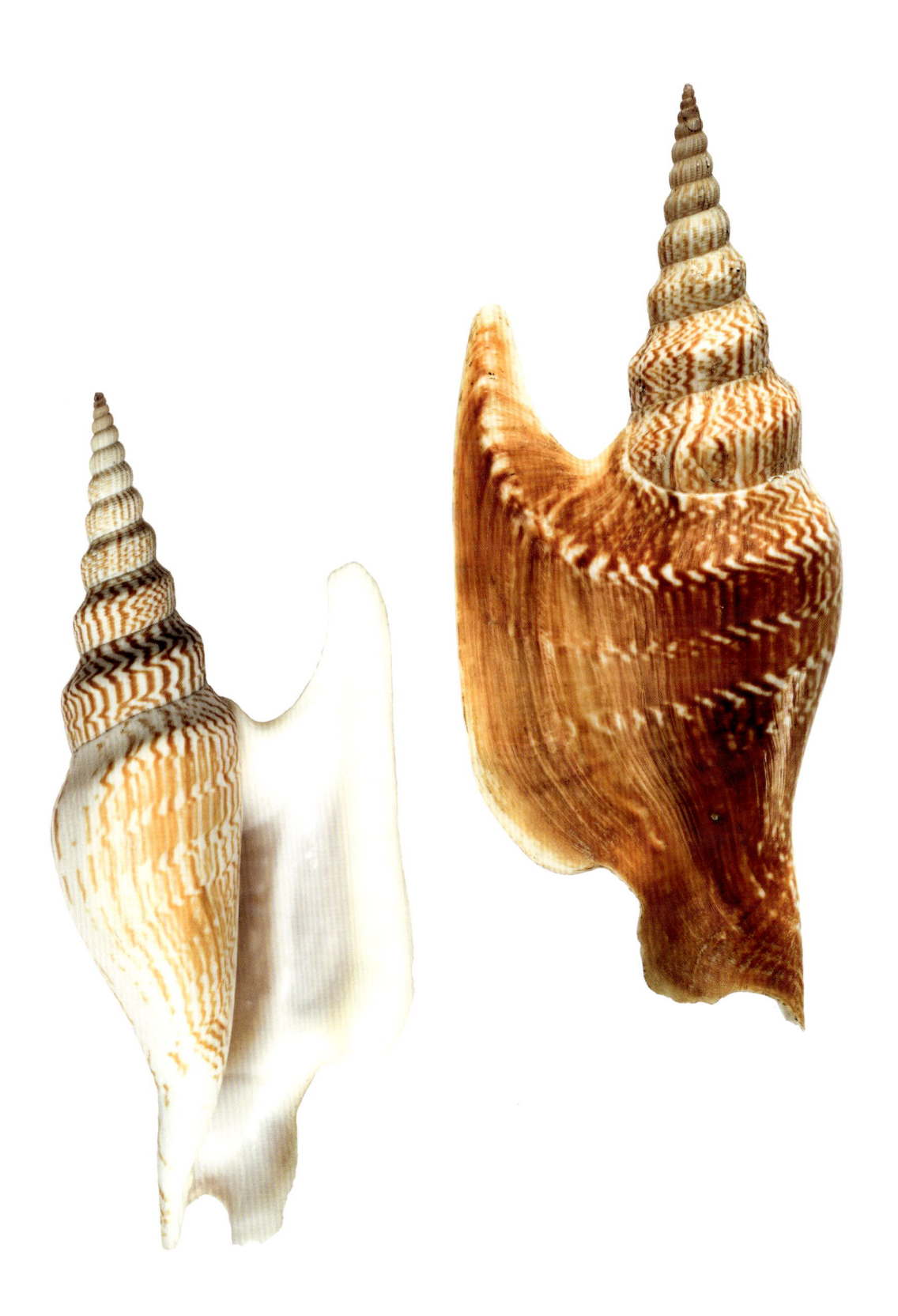

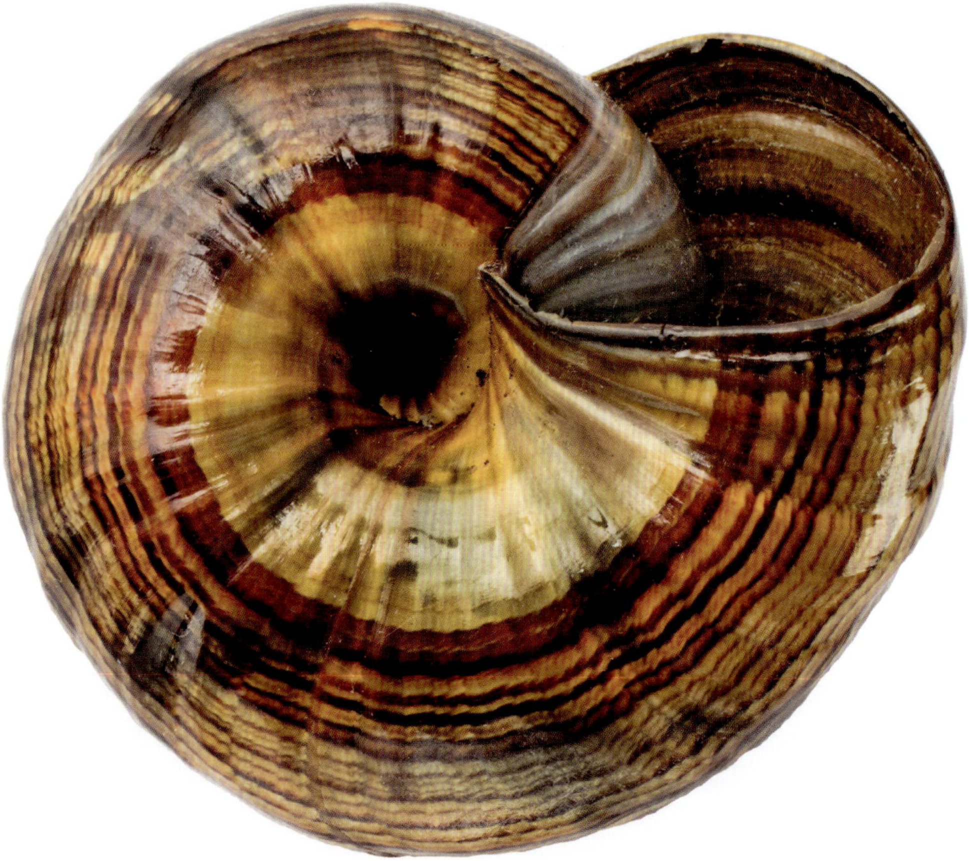

霍奇瑞提螺

Powelliphanta hochstetteri

螺类已经进化到能够以各种各样的食物为食，它们当中有些是杂食性的，也有一些螺类的食物来源比较单一。大多数陆生的螺类，如蜗牛，是植食性动物，以树叶、草根、种子、水果、蘑菇、苔藓、藻类和地衣为食。对于肉食性螺类来说，它们喜欢吃蚯蚓、腐肉甚至是其他种类的螺。大多数腹足类动物都有一个粗糙的舌状器官，叫作齿舌，表面布满微小的牙齿，能够像研磨器一样把食物磨碎。霍奇瑞提螺吃蚯蚓就像我们吃面条一样，它们把蚯蚓吸进口腔，再用齿舌将大块的肉刮入胃中进行消化。霍奇瑞提螺是世界上最大的陆生螺类之一，直径可达9厘米，同时也是新西兰目前最濒危的无脊椎动物之一。

分布

新西兰南岛马尔伯勒和纳尔逊省特有物种

尺寸

5厘米

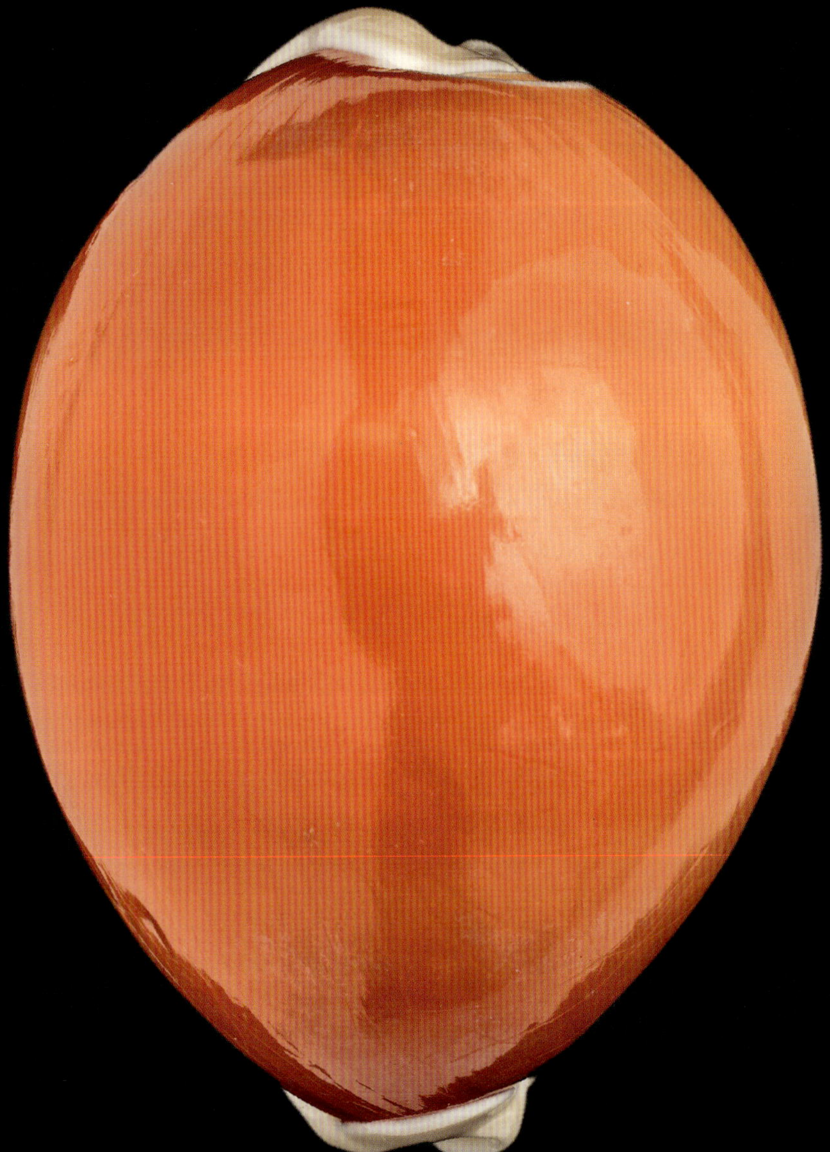

黄金宝螺
Callistocypraea aurantium

黄金宝螺的贝壳极具美感，是贝壳收藏家们的最爱之一。它们卵圆形的外壳、高度光泽的外表面和美丽的图案使它们在海洋腹足类动物中极具辨识度。从史前时代开始，宝螺就吸引了人类的目光，在对世界各地的史前人类定居点、墓葬以及宗教仪式场所的发掘中都能发现宝螺的贝壳。这种有着传奇色彩的黄金宝螺是最著名的贝壳之一，虽然已经不像以前那样极度稀有，但它的价格依然居高不下。它的物种名 aurantium 来源于波斯语，意思是"橙色的果实"。

分布
中、西太平洋

尺寸
9 厘米

巨车轮螺

Architectonica maxima

车轮螺的外壳很独特，非常容易识别。它呈非常紧凑的圆锥形，有一个又宽又深的螺脐。螺脐是在螺壳环绕生长过程中，从中间一直到底部所形成的空腔。车轮螺在世界范围内都有分布，以亚热带和热带水域为主，从潮间带到远海深处都有发现。它们的幼虫期较长，在这个时期里它们随着洋流自由游动，可以跨越很远的距离，这也解释了它们为什么分布广泛。巨车轮螺是车轮螺家族中最大的成员，肉食性，以海葵和珊瑚虫为食，生活在十几米到二百米左右深处的海底泥沙上。

分布
印度洋－太平洋海域

尺寸
6 厘米

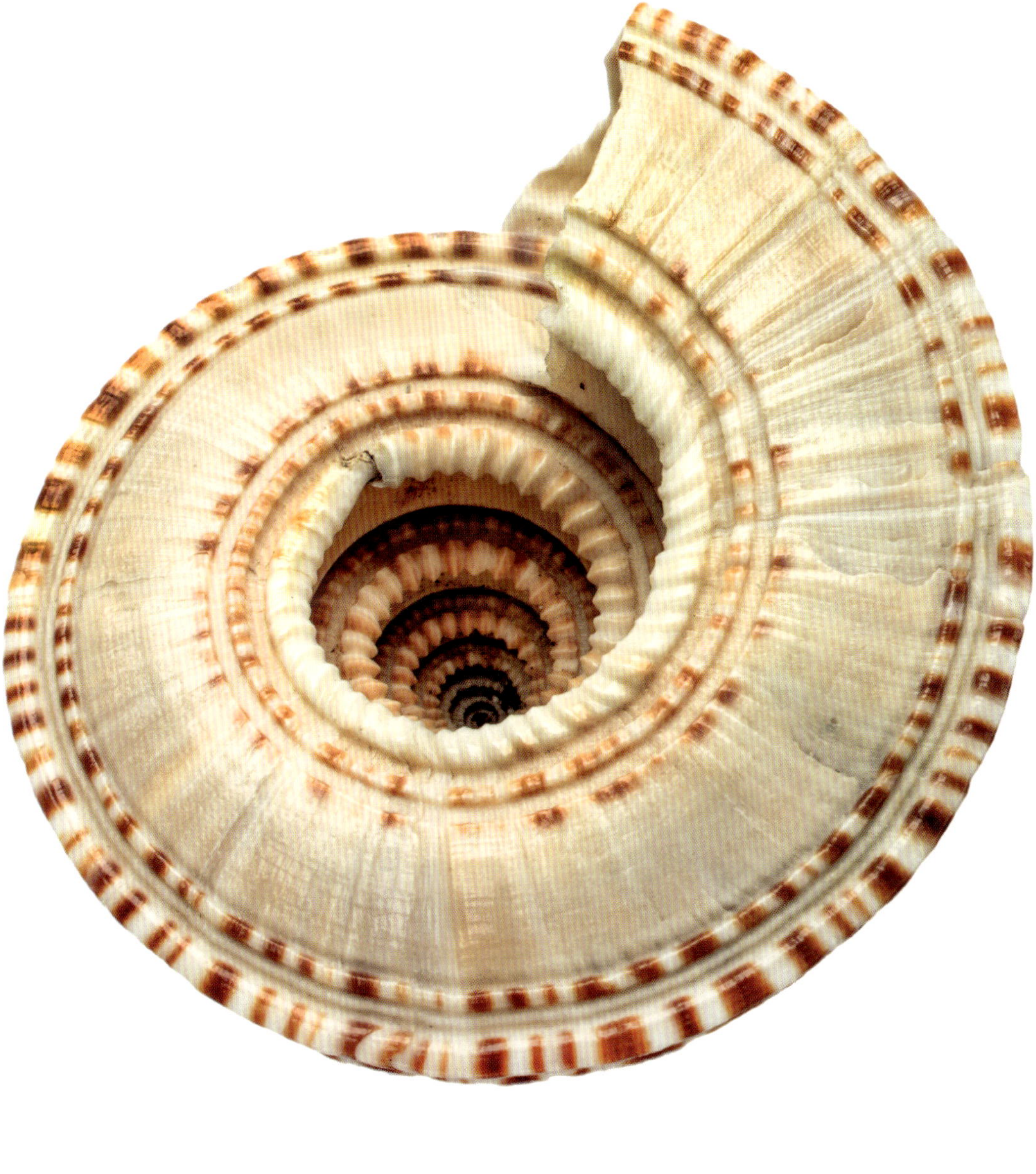

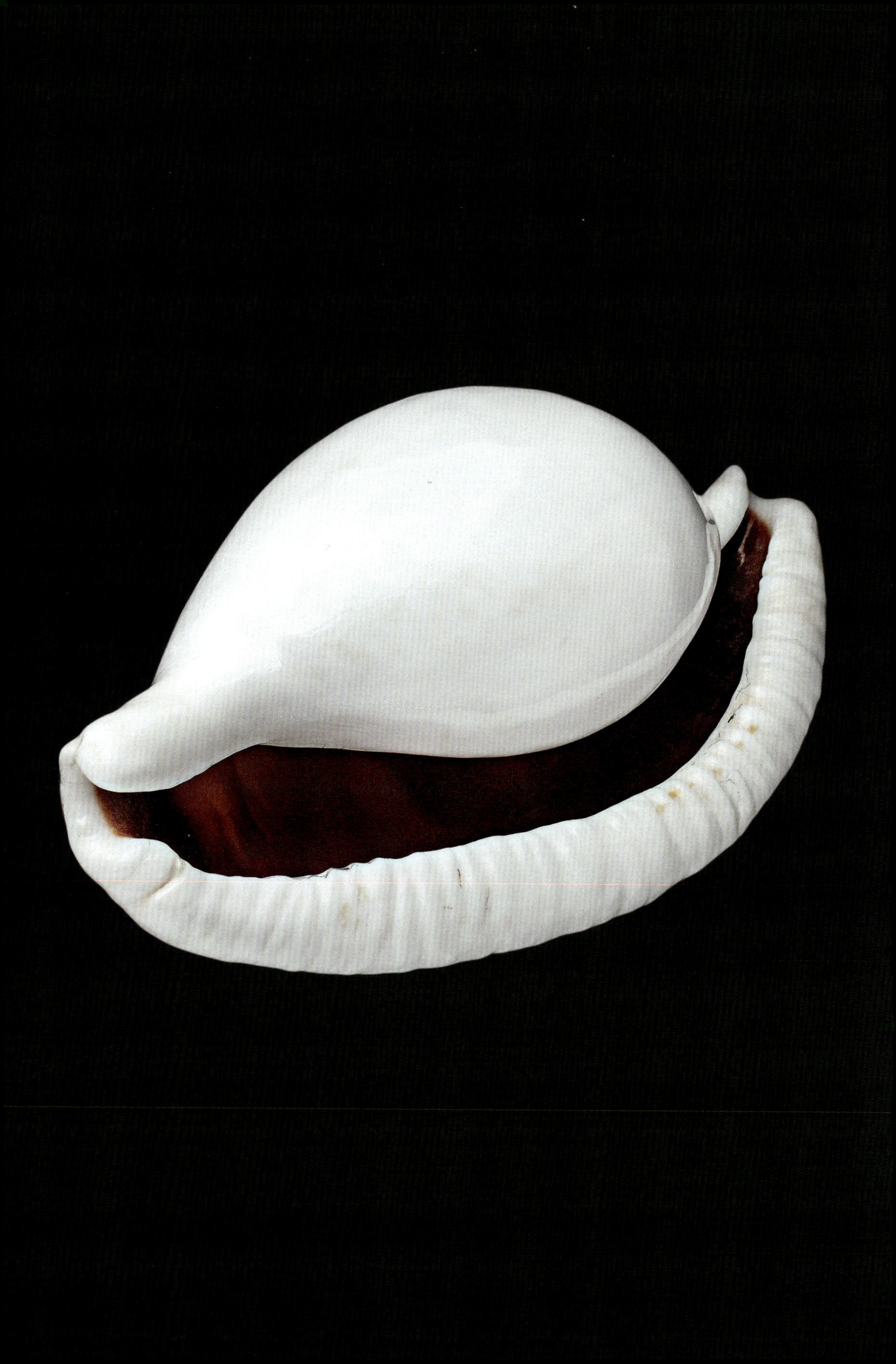

卵梭螺（海兔螺）
Ovula ovum

  在不同的文化中普遍存在对贝壳神秘特性的信仰。从远古时代开始，海洋螺类的贝壳就常被视作地位或好运的象征，在一些文化中它们被用作护身符，以对抗邪恶、治疗疾病，甚至帮助生育。美拉尼西亚和波利尼西亚人把海兔螺美丽的白色外壳当作生殖能力的标志，并用这些贝壳装饰他们的小屋、独木舟和渔网。它们也会被用来制作手镯和项链，并作为部落的象征。

分布
印度洋 – 太平洋海域，红海

尺寸
11 厘米

帝王涡螺

Cymbiola imperialis

　　玛格丽特·卡文迪什·本廷克（Margaret Cavendish Bentinck，1715—1785），英国贵族，是第二任波特兰公爵夫人，同时也是一位博物学和艺术品收藏家。她收藏的贝壳和其他一些自然物品被认为是全英国最好的，可以与欧洲大陆其他国家的藏品相媲美。1786年，也就是在她去世后的第二年，英国举办了一场著名的博物学藏品拍卖会，整整持续了38天。正是在这场拍卖会上，波特兰公爵夫人的藏品大量流入社会。图中的这种帝王涡螺贝壳正是1786年时，约翰·莱特福特牧师（John Lightfoot，1735—1788）在对拟拍卖的藏品进行分类时所描述的。现在，世界各地的博物馆中，只有很少一部分能够被溯源确认为是波特兰公爵夫人当年的藏品。

分布

菲律宾

尺寸

10.5 厘米

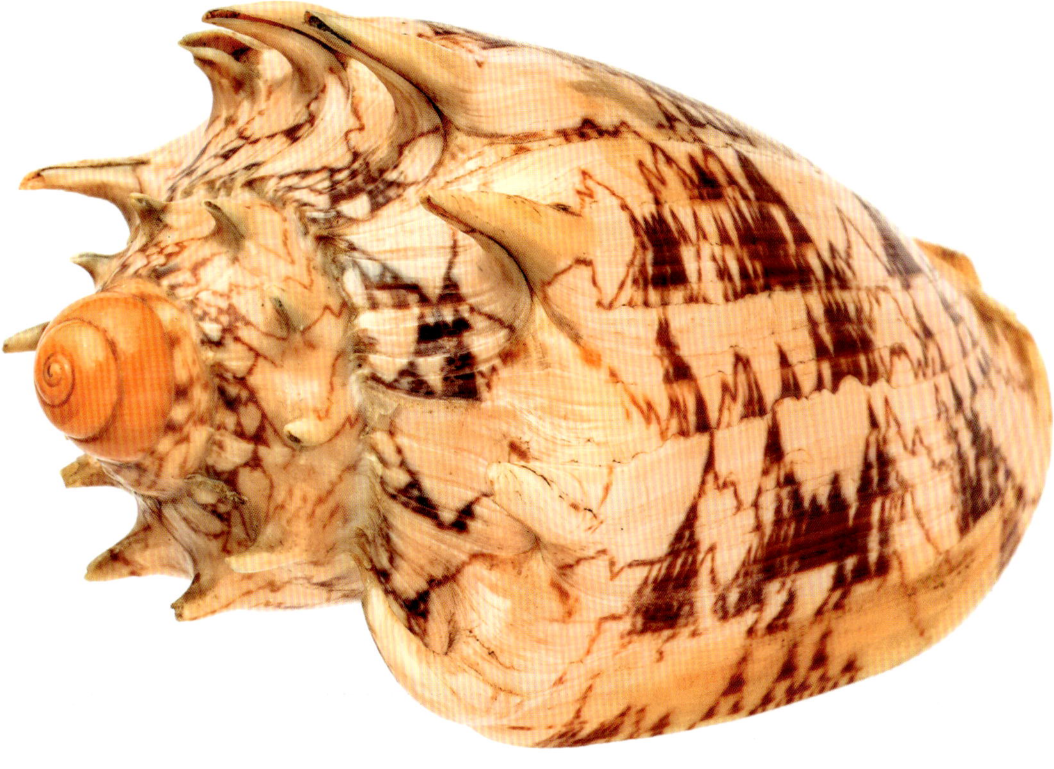

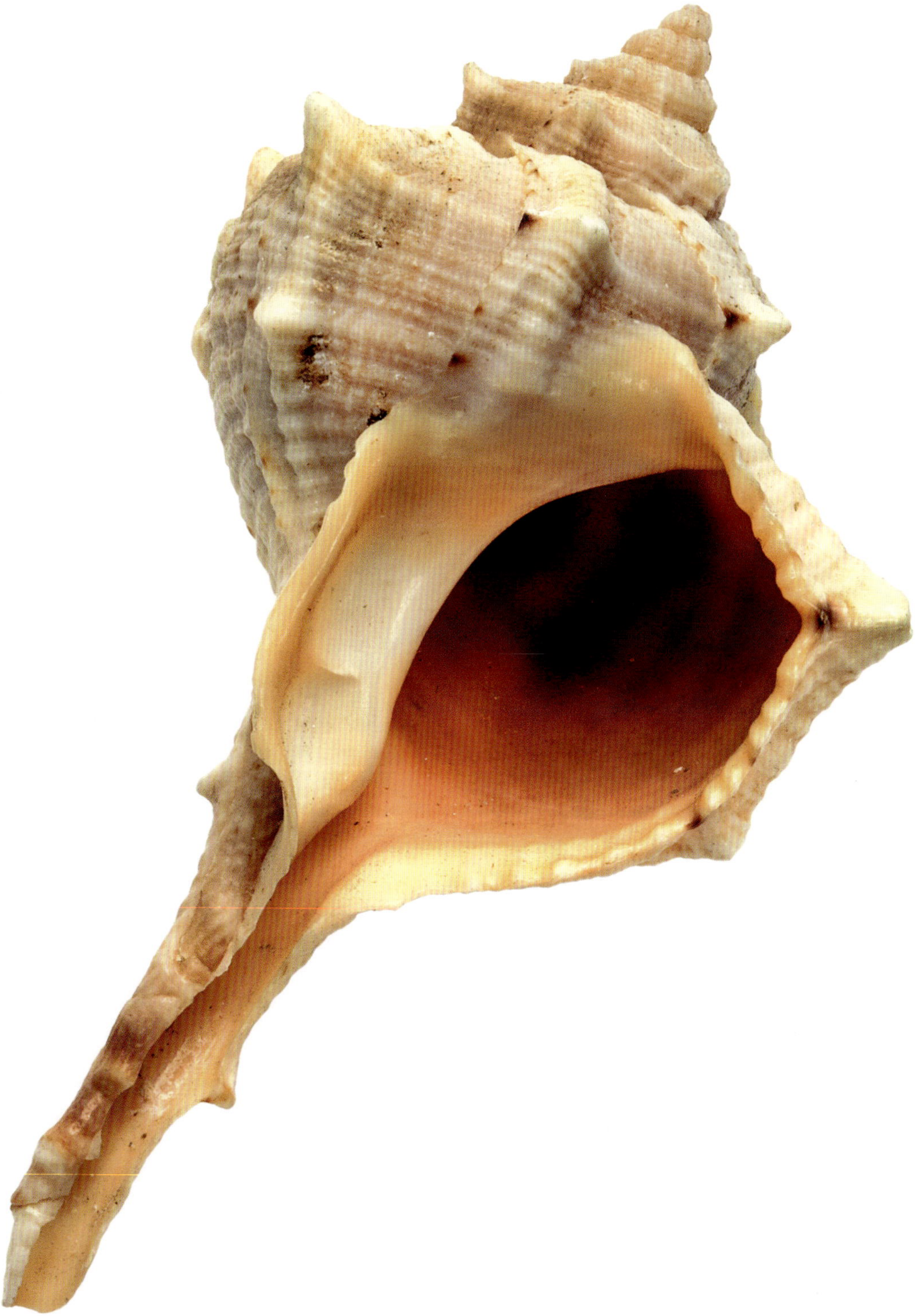

染料骨螺

Bolinus brandaris

几千年前，人们就已经知道如何从软体动物中提取染料。居住在黎巴嫩南部泰尔地区的腓尼基人能够熟练地提取一种透着深红的紫色染料，这种染料被称为泰尔紫（Tyrian purple），也叫骨螺紫。这种染料持续时间很长，不易褪色，主要提取自生活在地中海和大西洋地区的几种骨螺，包括紫色染料骨螺（*Bolinus brandaris*）、根干骨螺（*Hexaplex trunculus*）等。这些螺类在受到惊吓时会把身体缩回到螺壳里，同时喷出一种液体。这种液体最初是无色的，但一旦暴露在阳光下，就会逐渐变色，从黄色到绿色再到蓝色，最后变成紫红色。这种染料极其昂贵，因为需要1万多只海螺才能提取出1克染料。正因为如此，这种染料只被用于给最高贵的人染制衣服。如今，这种紫色染料早已有了人工合成的替代品。

分布

葡萄牙，西班牙，摩洛哥及地中海地区

尺寸

7厘米

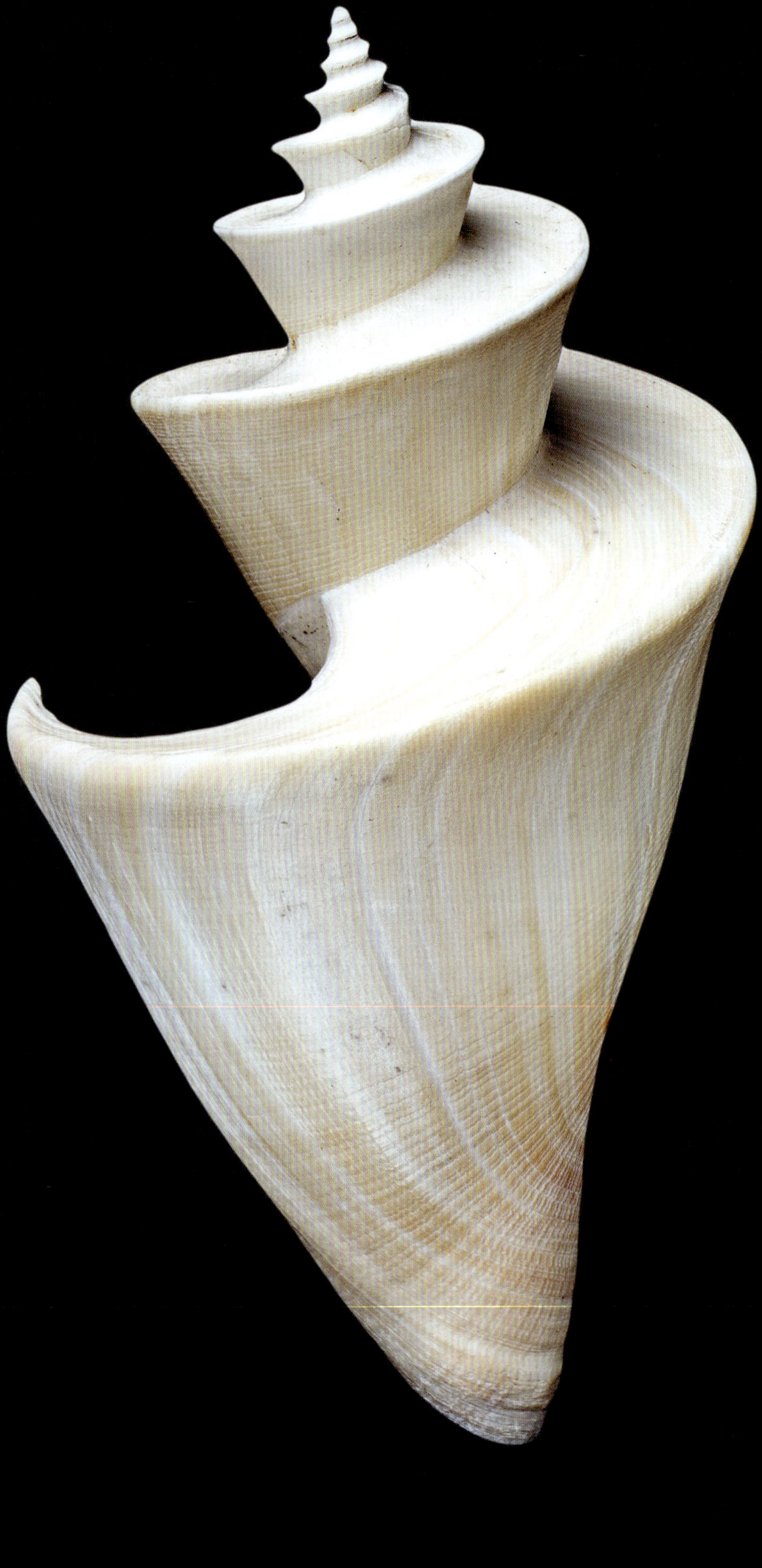

旋梯螺
Thatcheria mirabilis

  这种海螺的外形非常优雅，螺层呈环绕的台阶状，是世界上最独特的贝壳之一。因为它的外形如此独特，以至于当第一个标本被发现并被描述为一个新物种时，有许多人都不认可，认为它只是一个变异的个体，而非新的物种。此后的半个多世纪中，越来越多的旋梯螺被发现，从而明确地证明了该物种确实存在。这种海螺生活在海底60～600米深处的泥沙中，以海洋蠕虫为食。

分布

日本到澳大利亚

尺寸

9厘米

可雅那翁戎螺
Perotrochus quoyanus

　　翁戎螺被视作活化石，因为它们仍然保留着与它们早已灭绝的近亲物种同样的形态，在千百万年里几乎没有变化。1856 年法国海军军官博（Beau）在法属西印度群岛发现了翁戎螺的现生种，在此之前，人们认为这个物种早已灭绝。翁戎螺只在深海中生活，因此很难收集。但是随着科技发展，深海探测水平不断提高，人们在世界各地陆续发现了多种翁戎螺。它们也被叫作裂缝螺（slit shell），因为其最后一圈螺壳中间有一条细长的裂缝，那条裂缝其实是水和排泄物的通道。

分布
加勒比海和小安的列斯群岛

尺寸
4.6 厘米

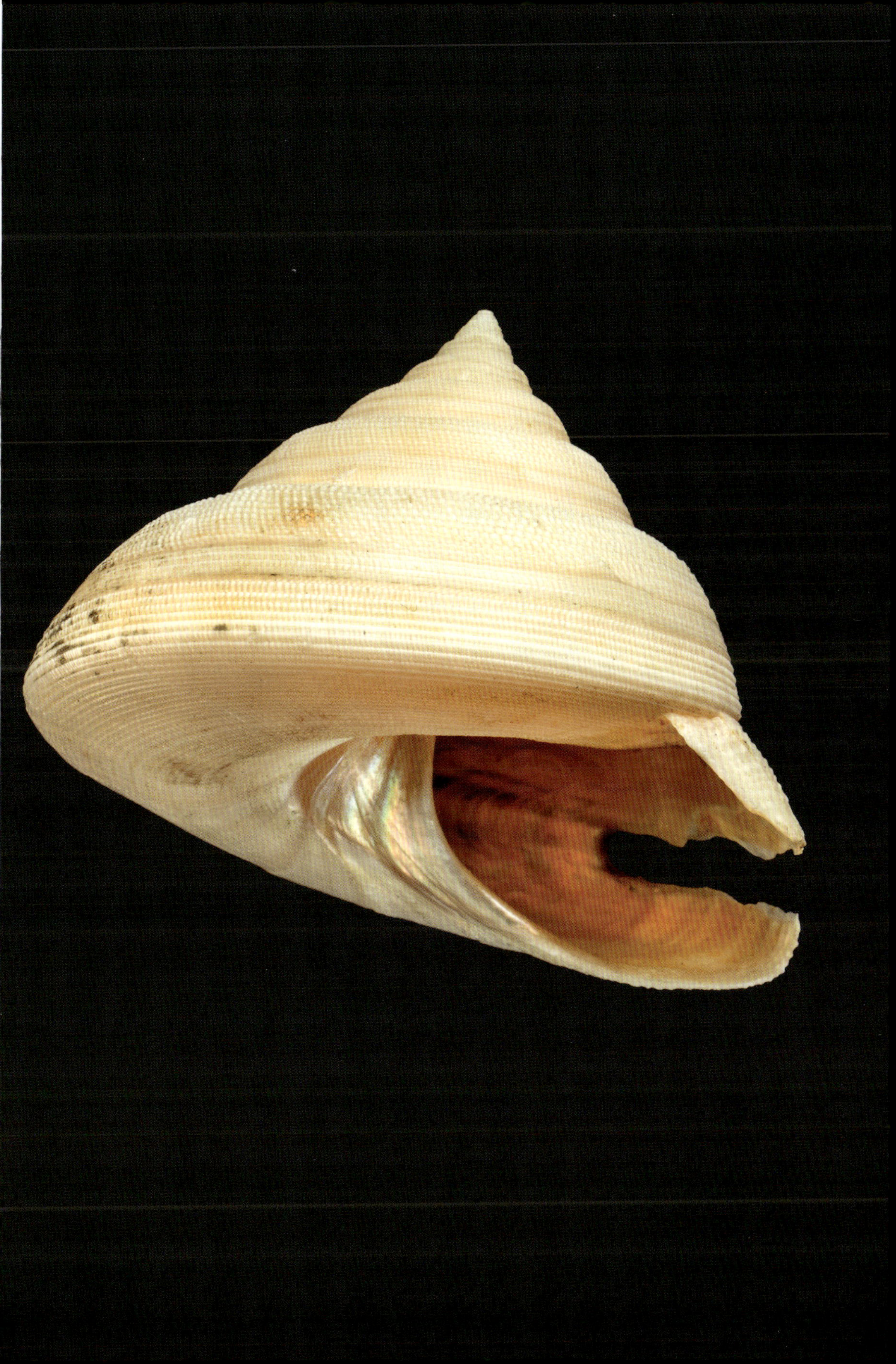

长菱角螺

Volva volva

长菱角螺属于海兔螺科，海兔螺科的成员们生活在热带和温带的海洋中，包括约 250 种已被描述的海螺物种。它们是寄生物种，会永久附着在软体珊瑚、肉质软珊瑚和黑珊瑚等腔肠动物（水生无脊椎动物）上，以珊瑚虫为食。长菱角螺的外壳极具可塑性，能够适应特殊的栖息地，而且它们对宿主的适应能力也相当令人惊讶，有时候长菱角螺的身体与宿主的颜色和形状非常相似，以至于人们很难将其和宿主区分开来。

分布
印度洋-太平洋海域

尺寸
15 厘米

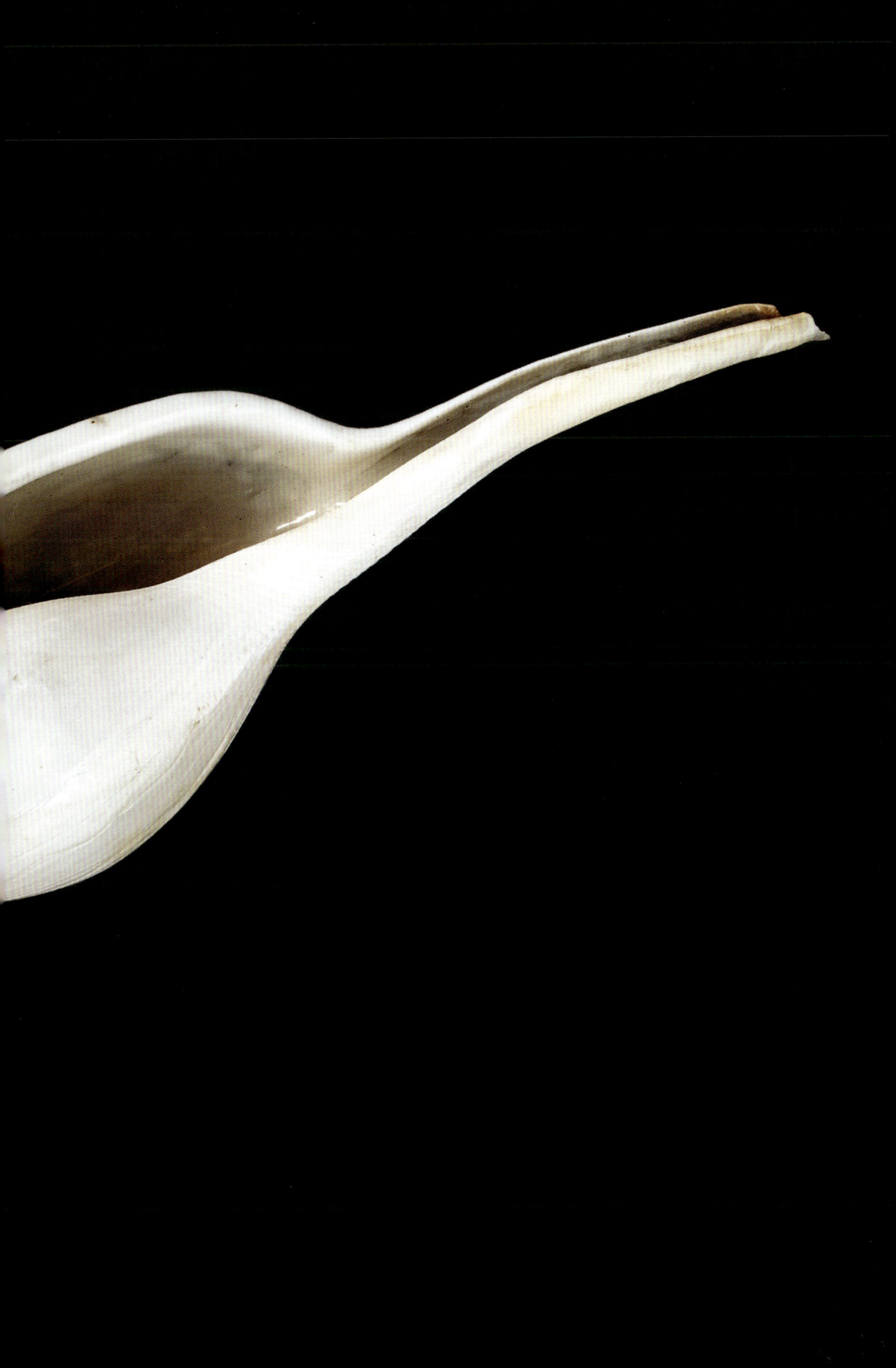

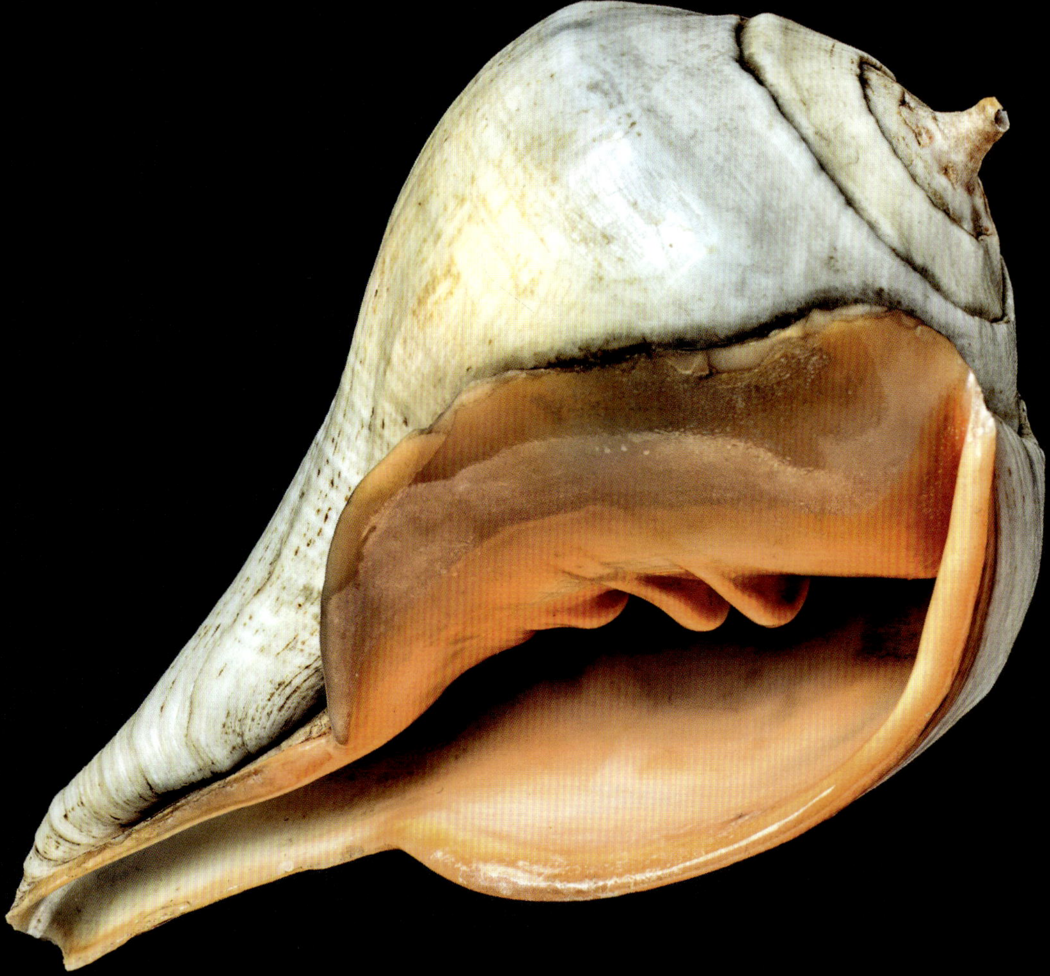

印度铅螺（印度圣螺）
Turbinella pyrum

　　印度铅螺是极少数在印度教和佛教中都被视作圣物的物品之一。在印度神话中有一位主神叫毗瑟奴神（Vishnu），他有四只手，在他的画像中，其中一只手上就拿着这个螺壳，这是他战胜邪恶的潘查那（Panchajana）的象征。在佛教里有八大吉祥物，统称为阿什塔曼加拉（Ashtamangala），它们代表着众神献给佛陀的祭品，而这个螺壳就是其中的一个吉祥物。有时人们会切掉螺壳的尖底，将它做成宗教仪式上用来吹奏的法螺，而且还会用金属和半宝石对其进行雕刻和装饰。左旋（反旋）的印度铅螺具有极其特殊的宗教意义，因此尤其珍贵。

分布
印度东南部海域，斯里兰卡
尺寸
12 厘米

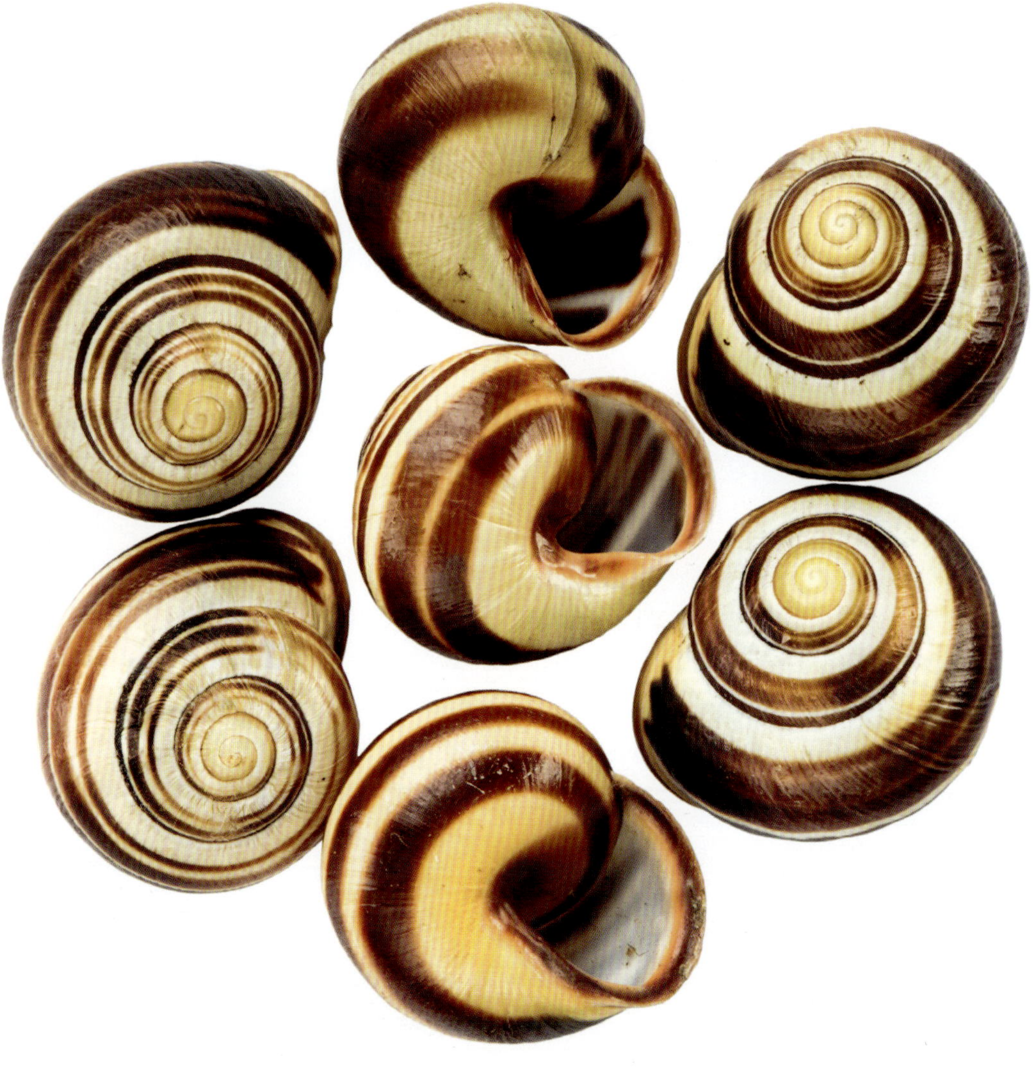

多带大蜗牛

Cepaea nemoralis

自从欧洲人踏足美洲大陆的那一刻起，就有很多软体动物物种被有意无意地引入美洲的土地上。当然，要知道非常准确的时刻恐怕不太可能了。威廉·G.宾尼（William G. Binney，1833—1909）是一位美国软体动物学家，当他在英格兰的谢菲尔德市生活时，他收集了数百只多带大蜗牛，这是一种欧洲最常见的蜗牛。1857年威廉回到美国，他把这些蜗牛放生到他在新泽西州伯灵顿的花园里。根据威廉的记载，这个实验很成功，这些蜗牛顺利地存活下来并开始繁衍，它们的数量迅速增加。这是关于北美洲引进多带大蜗牛的最早记录。目前在弗吉尼亚州、纽约州、加利福尼亚州安大略市和马萨诸塞州都能发现这种蜗牛。

分布

欧洲，北美地区

尺寸

2厘米

缀壳螺（衣笠螺）

Xenophora pallidula

　　这种海洋腹足类软体动物有一种奇特而可爱的行为——当它生长时，它会收集很多异物，并将它们附着在自己的螺壳边缘。这些异物包括珊瑚、其他软体动物的壳、鹅卵石、木炭、化石，甚至人造物品，如碎玻璃、硬币或塑料等。目前还不清楚为什么缀壳螺要把这些奇怪的物体粘在自己身上，有可能是为了伪装，或者是增加螺壳的强度以更好地保护自己。不过不管是出于什么原因，缀壳螺的外壳客观上反映了它们栖息地的状况，因为它们随身携带的都是周围环境中的物体。缀壳螺的名字其实也反映了它的这种奇特行为，其属名 Xenophora 源于古希腊单词，意思是"异物的搬运工"。

分布
印度洋 – 太平洋海域

尺寸
7 厘米，不含附着的其他壳类

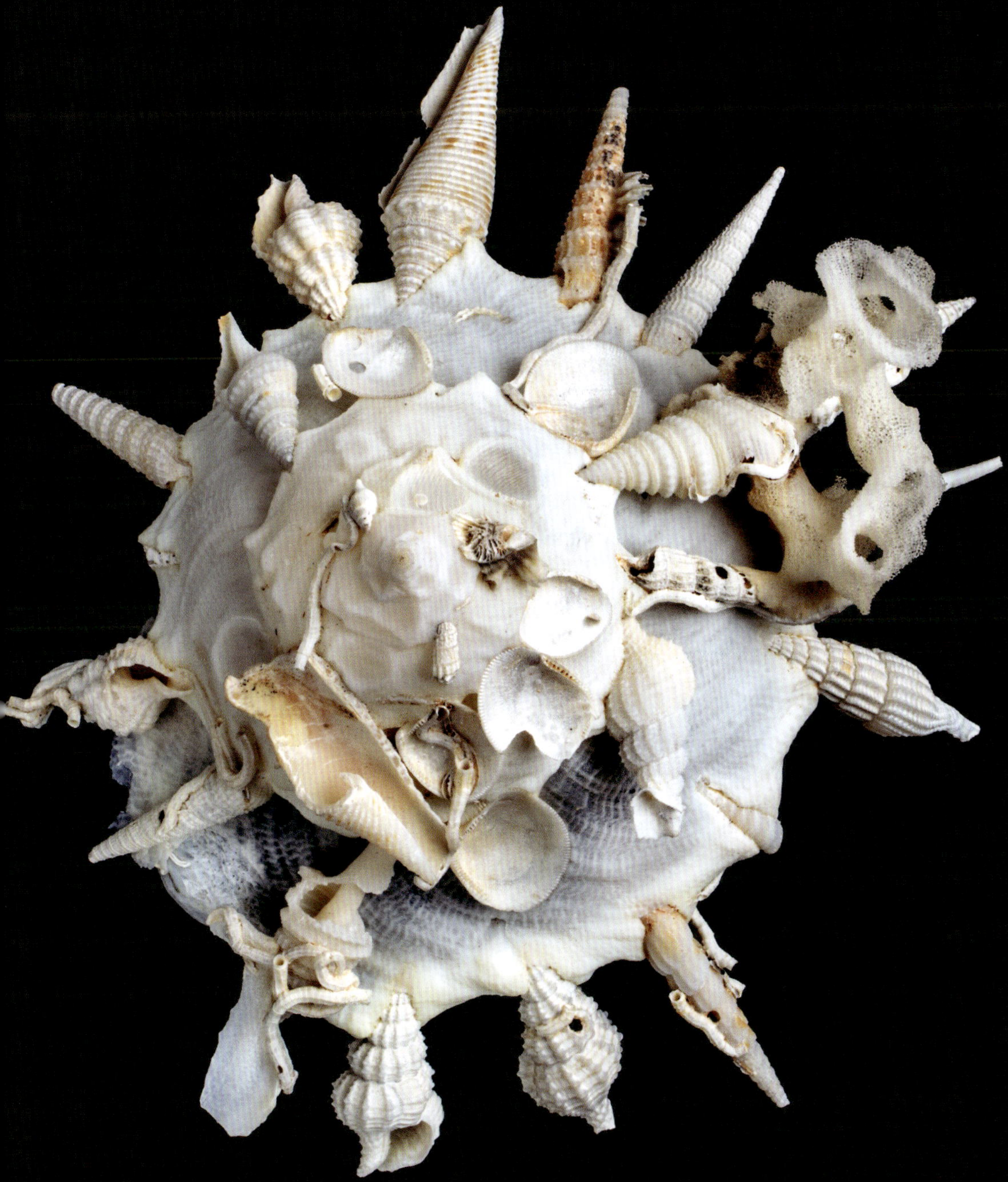

灰土钟螺

Gibbula magus

　　灰土钟螺的英文名意思是"陀螺一样的壳"（Top shells），因其形似小孩子玩的陀螺。灰土钟螺种类很多，全球各地都有分布，通常生活在岩石岸边或是珊瑚礁上，以海藻为食。其螺壳的内层是厚厚的珍珠母层，较老的个体的外层经常被侵蚀，尤其是螺壳顶端，侵蚀后会暴露出内部的珍珠母层。现在个头较大的灰土钟螺仍然会被收集来生产珠宝或者纽扣，不过纽扣行业的原材料基本上已经被塑料取代，因此现在的需求远没有一百年前那么高。灰土钟螺在欧洲很常见，其外壳大多数呈淡黄色，带有粉红色或红色的条纹，生活在从潮间带到约70米深的海底岩石、泥砾岩和泥沙地上。

分布

东北大西洋和地中海地区

尺寸

3厘米

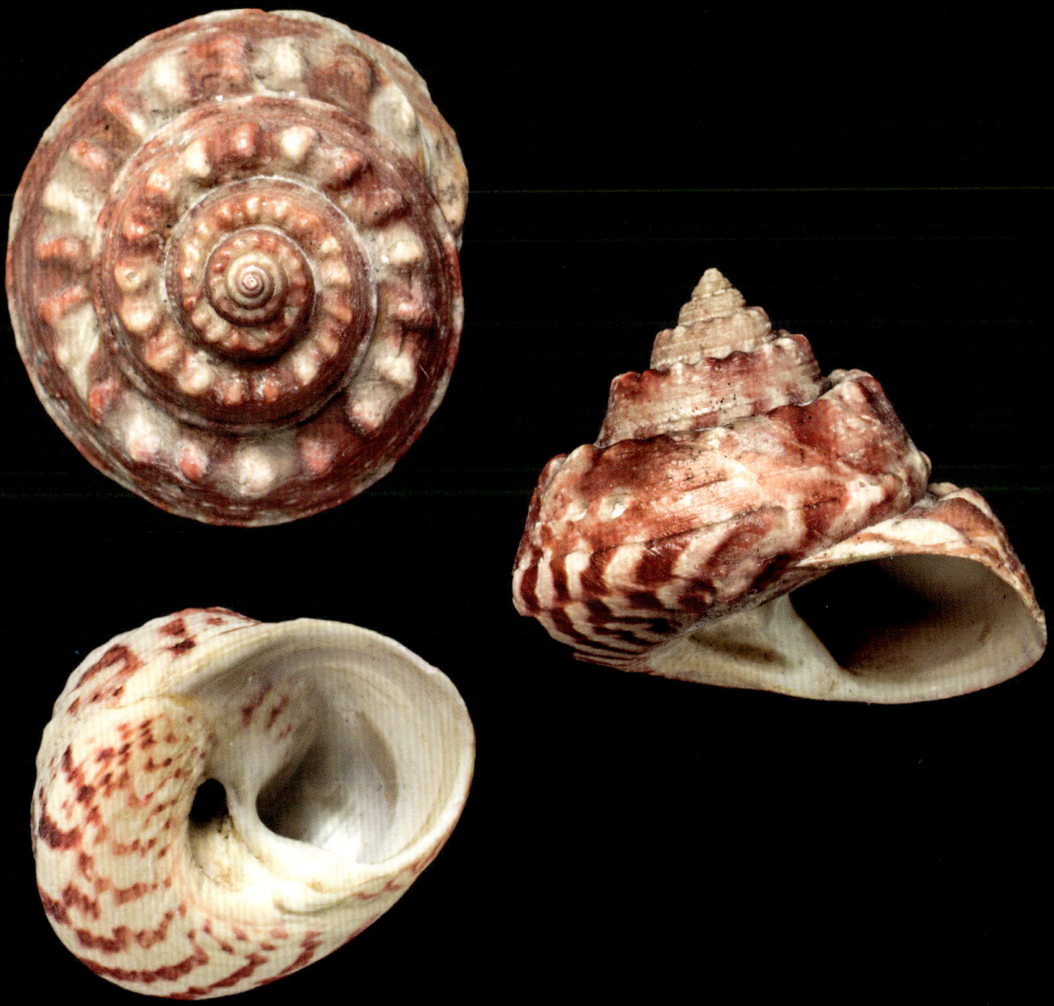

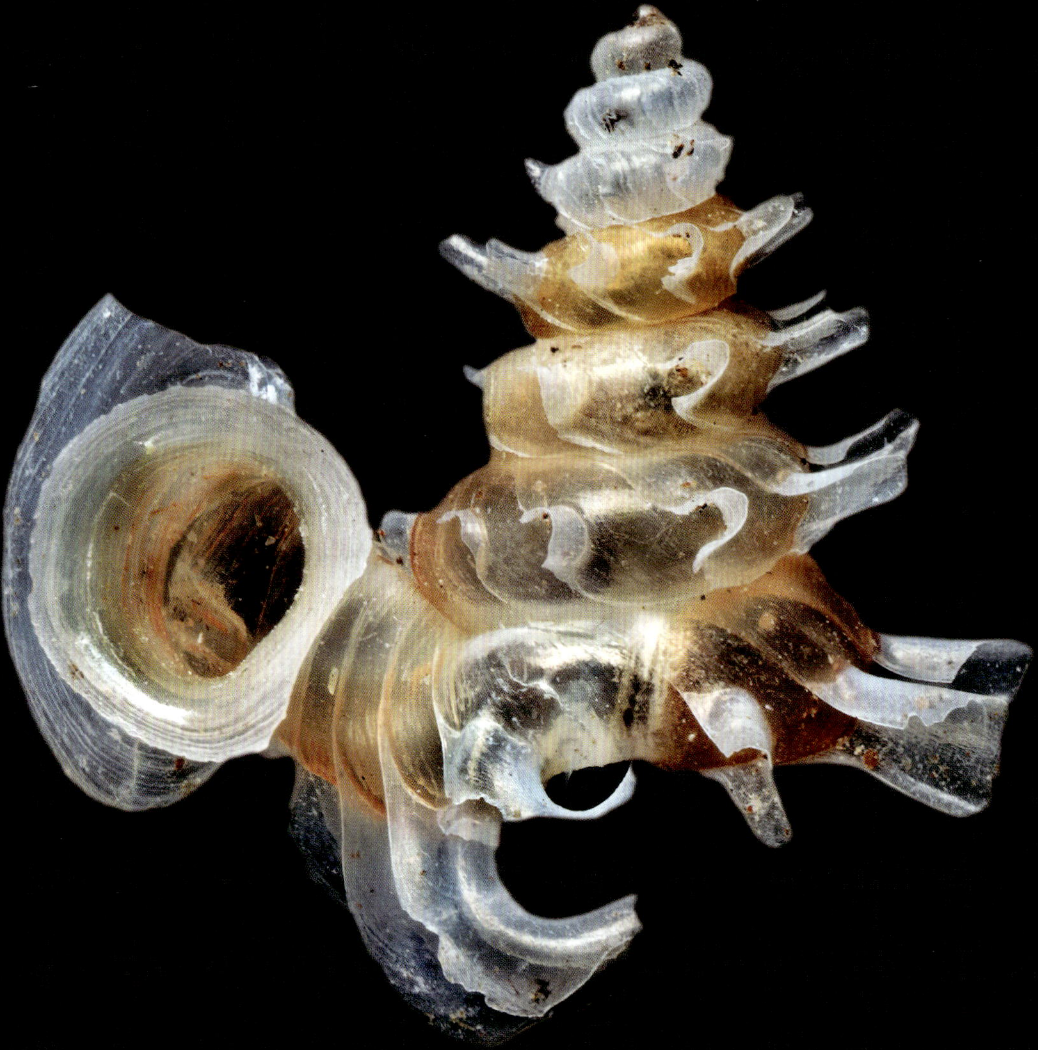

奇异芝麻蜗牛
Plectostoma mirabile

这些来自婆罗洲（即加里曼丹岛）的蜗牛体形很小，还不到这页书上的一个汉字大，看起来像微型的玻璃器皿。它们的外壳很脆弱，肉眼也很难看清，但若放在显微镜下观察就能看到它们的独特之处——短短的棘刺、螺旋的外壳，以及喇叭形的开口。奇异芝麻蜗牛的棘刺形状和数量各不相同，具体取决于它们生活的场所，甚至还取决于它们的捕食者会从哪个角度攻击它们。这种热带雨林动物生活在婆罗洲北部的石灰岩上，它们的活动范围非常有限，临近的几块岩石上生活着的可能就是一整个种群。由于采石、伐木以及焚烧山林等人类活动已经摧毁了它们很多的栖息地，因此这些陆生蜗牛正面临着极高的野外灭绝风险。

分布
婆罗洲

尺寸
3 毫米

耳鲍
Haliotis asinina

耳鲍的最独特之处是其外壳上有一列小孔，这些小孔的主要作用是呼吸。耳鲍通过壳底部的鳃将水吸进体内，然后通过壳上的这些小孔排出去。这些小孔同时也是耳鲍的精子和卵子的释放通道。随着个体的生长，它们的外壳不断变大，原有的小孔会逐渐被封住，但是新的小孔也会在外壳边缘重新生成。

分布
印度 – 西太平洋区
尺寸
9.5 厘米

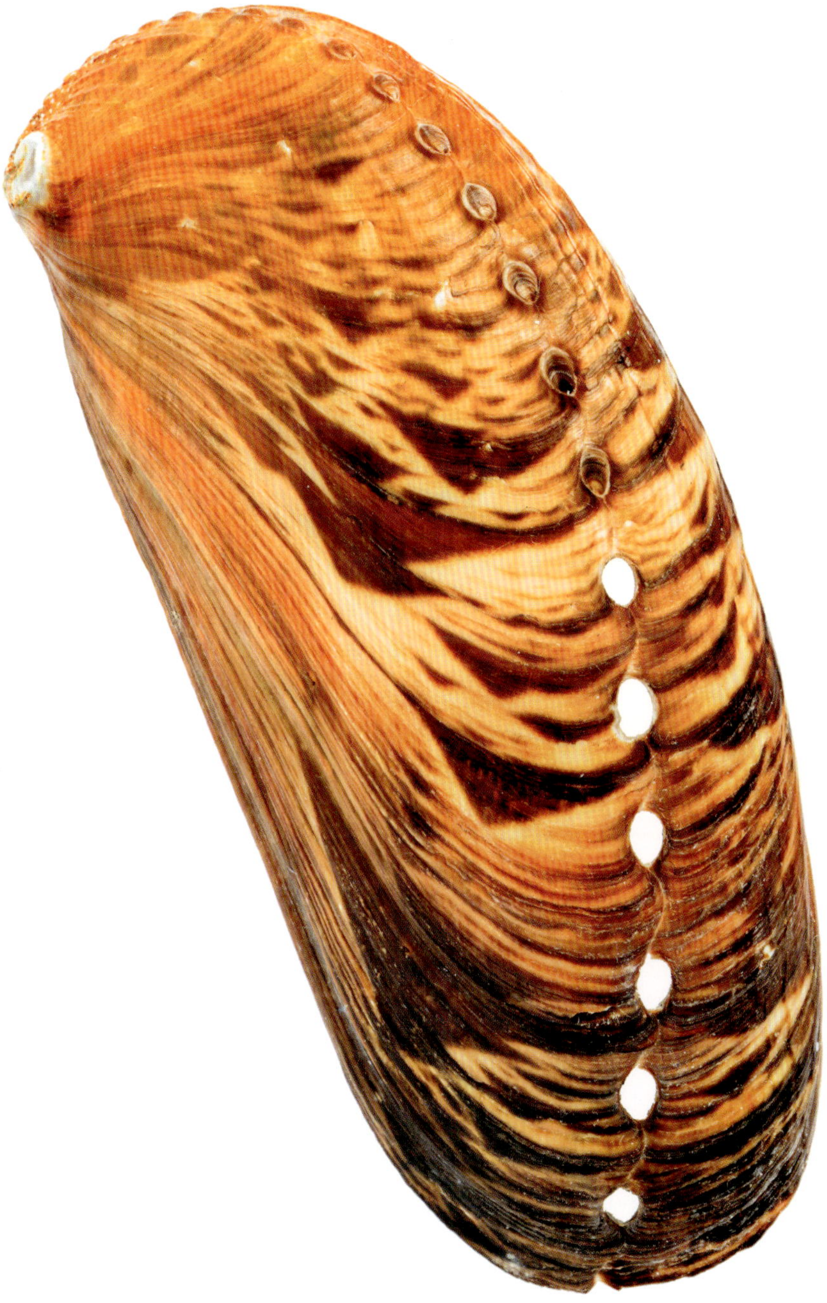

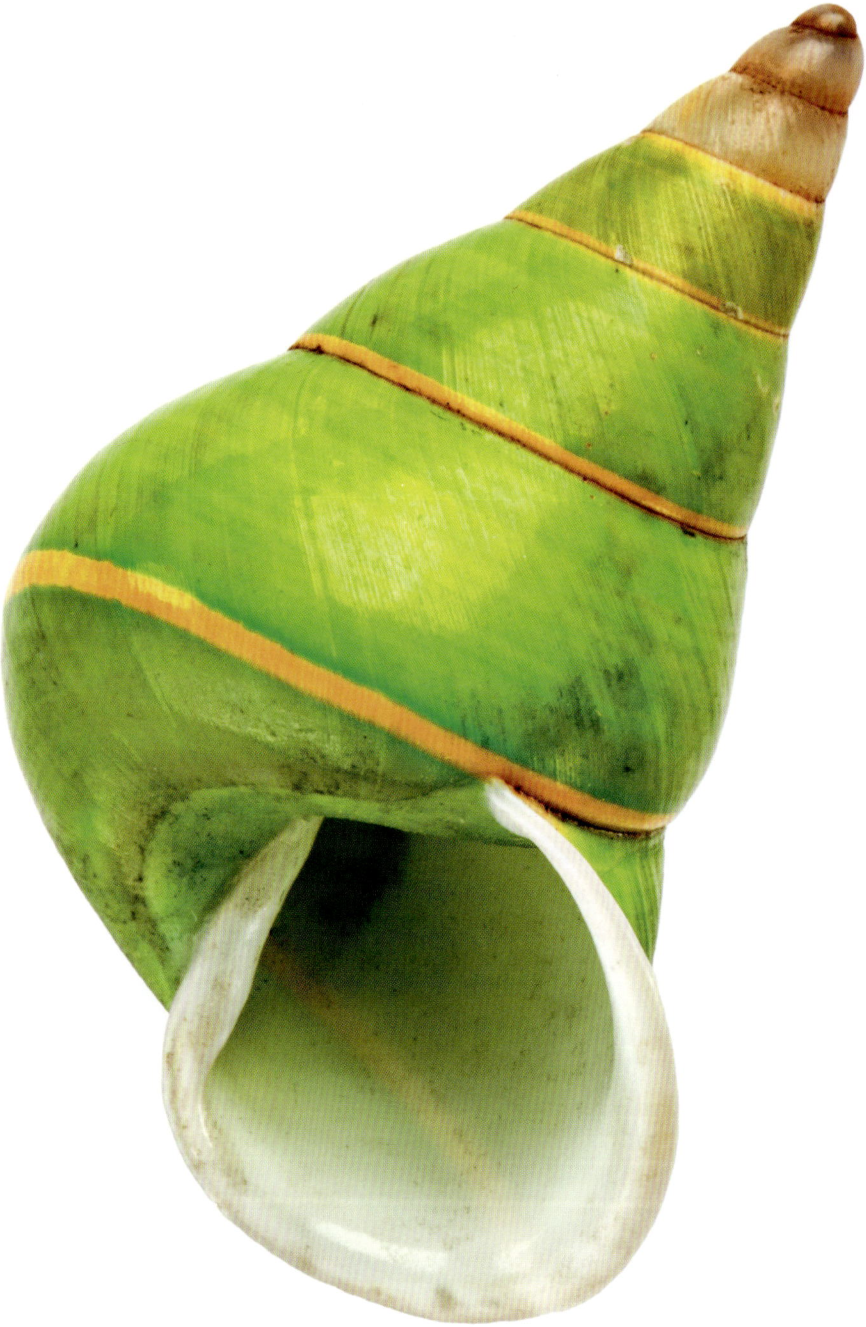

美丽尖柱螺

Papustyla pulcherrima

南太平洋马努斯岛上生活着一种蜗牛——美丽尖柱螺，它是为数不多的几种外壳呈鲜绿色的软体动物之一。这些陆生蜗牛生活在高高的森林冠层中，以树上的腐质、真菌和地衣为食。20世纪30年代，这种蜗牛的贝壳，尤其是其制成的首饰在世界各地非常受欢迎，因此需求激增，直接导致该物种面临灭绝。此外，森林砍伐破坏了它们的栖息地，也加剧了它们的濒危程度。近年来，保护工作有所提升。现在美丽尖柱螺及其外壳受到《濒危物种国际贸易公约》（CITES）的保护。该协议旨在确保野生动植物标本贸易不会威胁到它们的生存。美丽尖柱螺也是被列入1973年美国濒危物种法案保护名单的第一种无脊椎动物。

分布

马努斯岛，阿德默勒尔蒂群岛（位于巴布亚新几内亚）

尺寸

3.5厘米

豆子帕图螺
Partula faba

豆子帕图螺原本是法属波利尼西亚的拉亚塔亚岛和塔哈阿岛的特有物种，但是由于当地在 20 世纪 80 年代末引进了一种外来的小型食肉蜗牛——玫瑰狼蜗，导致包括豆子帕图螺在内的许多本地蜗牛物种的灭绝。具有讽刺意味的是，引入玫瑰狼蜗的目的本是要控制非洲大蜗牛的数量，这又是另一种对当地植物种群构成威胁的外来蜗牛物种。为使豆子帕图螺免于灭绝，自然资源保护主义者在 1991 年从岛上捉走了一批豆子帕图螺，带到其他地方试图圈养繁殖。首先是伦敦动物园，然后是布里斯托尔动物园，最后是爱丁堡动物园，都曾承担过让这些蜗牛栖息繁衍的重任。然而，这些圈养的蜗牛无法繁殖，其数量缓慢下降，最后一只豆子帕图螺于 2016 年 2 月 21 日不幸死亡。

分布
已灭绝
尺寸
2.5 厘米

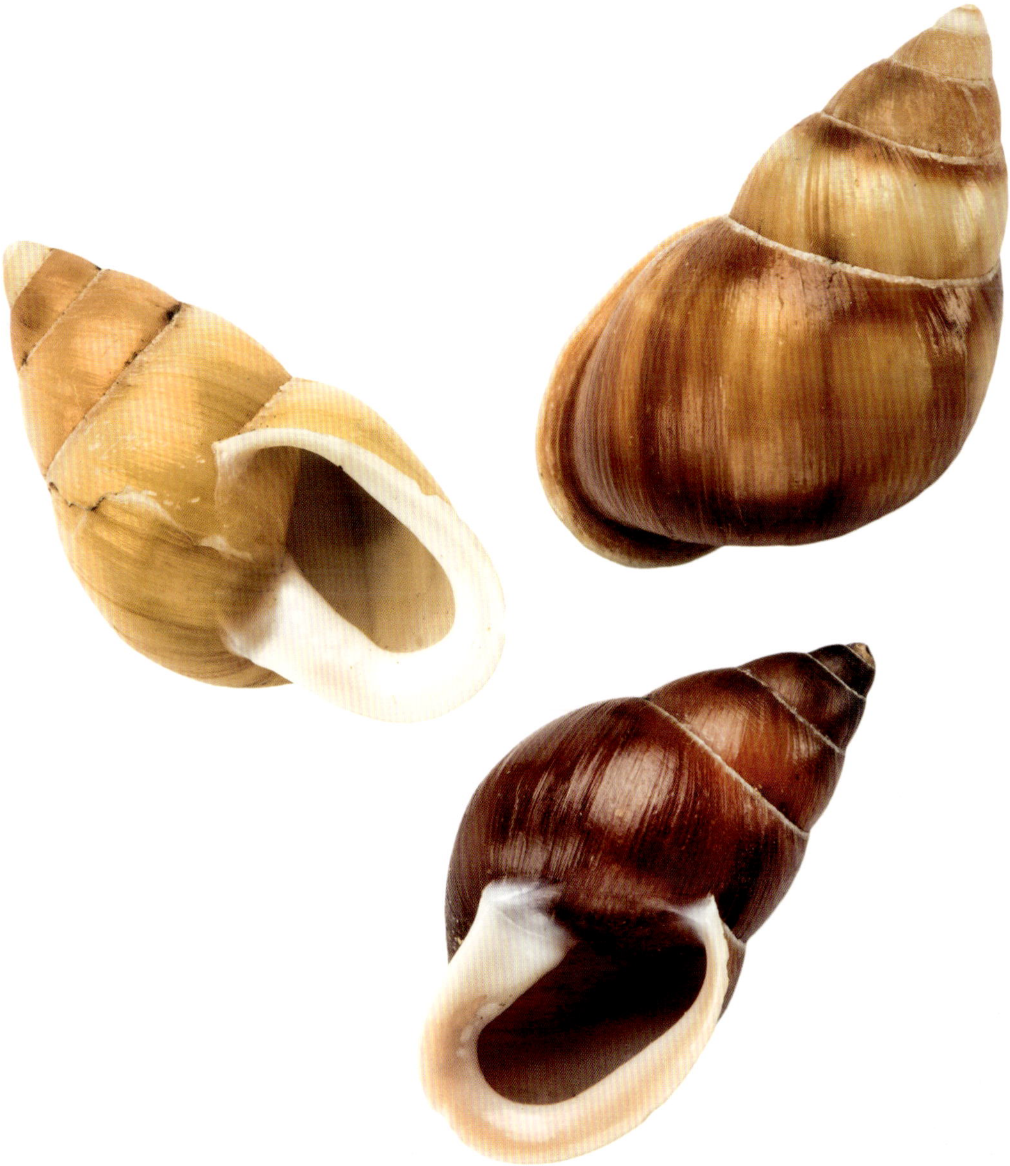

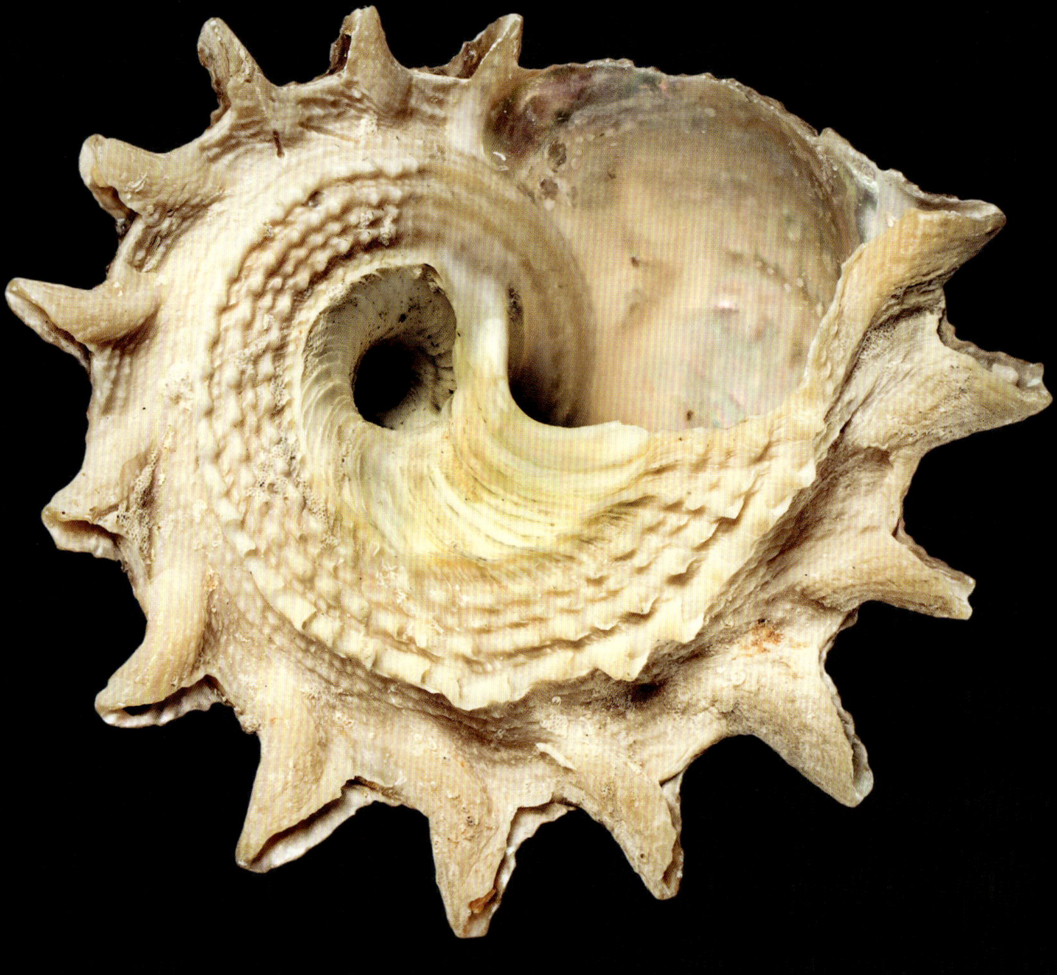

向日葵星螺

Astraea heliotropium

　　跟随着库克船长环游世界的军官和船员们在回到欧洲时，也带回了很多美丽迷人的贝壳，图中的向日葵星螺就是其中的一种。詹姆斯·库克（James Cook，1728—1779），是英国探险家，也是英国皇家海军舰长。1768年至1771年，他受委派第一次指挥"奋进"号在南太平洋上航行。在他们抵达新西兰时，船员看到了这些贝壳，他们是第一批见到这些贝壳的欧洲人。向日葵星螺生活在礁石上，是植食性动物，以藻类为食。

分布
新西兰

尺寸
7.5厘米

货贝（黄宝螺）

Monetaria moneta

一直到公元 500 年左右，也就是西罗马帝国灭亡时，这种宝螺在全世界范围内都曾被当作货贝流通。甚至一直到 20 世纪，在非洲的贝宁、加纳、科特迪瓦（象牙海岸）和布基纳法索等国家的集市上，人们还在把这些贝壳当零钱使用。这种贝壳能被当作货币是因为它有很多优点，如大小适中而且尺寸一致，以及如银币一样便于携带并能够长期保存。此外还有一个最大的优点，就是很难伪造。当然，也有个别使用骨头、象牙、石头和铜等仿制的艺术品。在 18 世纪的乌干达，人们可以用 2500 个这样的货贝买一头牛，500 个货贝可以买一只山羊，25 个货贝就可以买一只鸡。

分布

印度洋 – 太平洋海域

尺寸

1.5 厘米

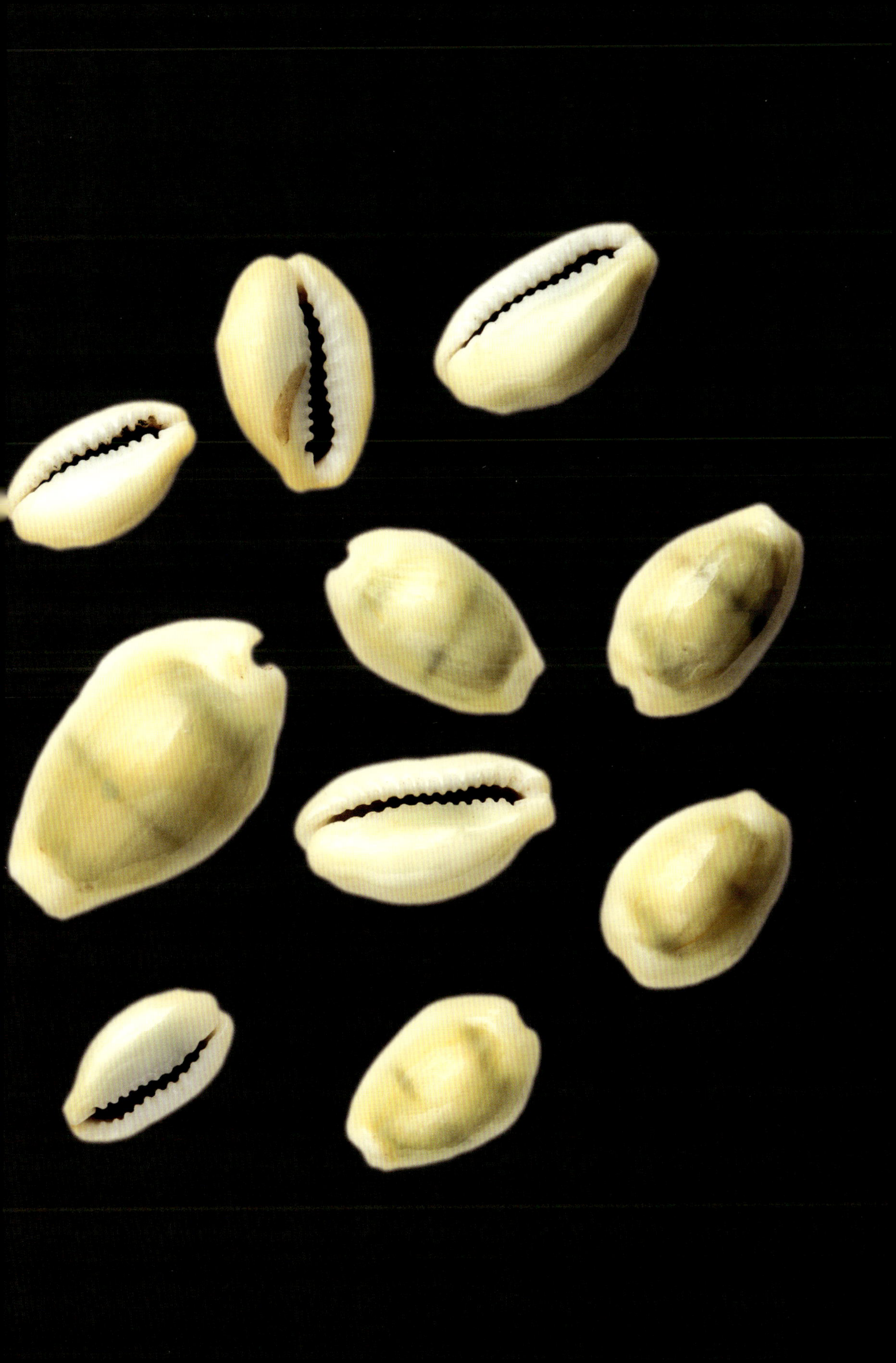

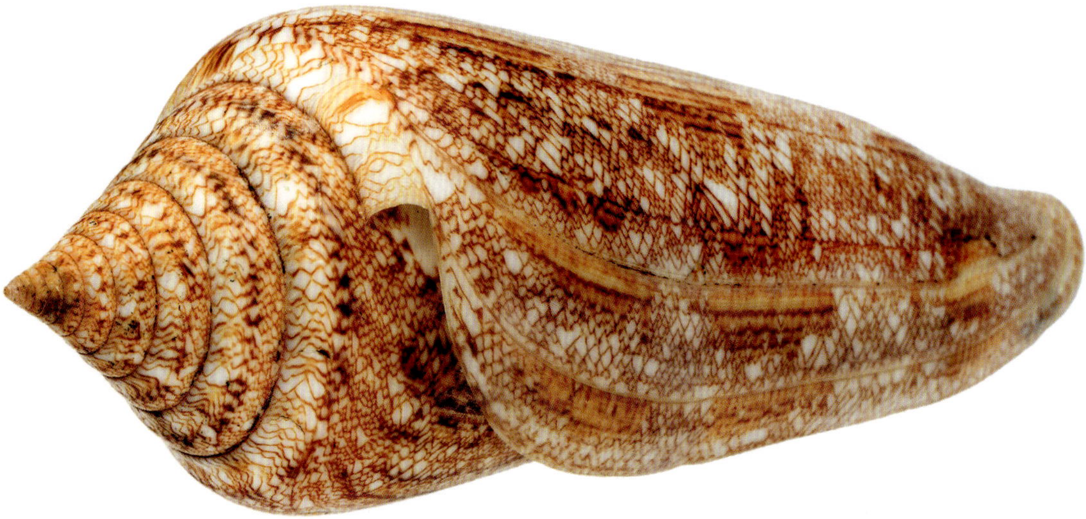

海荣芋螺

Conus gloriamaris

  为大众所知的稀有贝壳不多，闻名的更少，而能被称为"传奇"的只有一种。从 18 世纪初到 20 世纪中叶的两百多年间，海荣芋螺一直是全世界最稀有、最令收藏者垂涎、也最为昂贵的贝壳。一位名叫彼得·丹斯（Peter Dance）的博物馆馆长（兼作家）曾说过这么一句话："（对于海荣芋螺）观一眼是幸运眷顾，抚一刻是无比荣耀，得一枚是人生成就。"维多利亚时代的作家弗朗西斯卡·M. 斯蒂尔（Francesca M. Steele）的小说《海之荣耀》（*The Glory of the Sea*，1887 年出版）的故事主线正是源于这种贝壳。此外，1951 年美国自然历史博物馆里馆藏的海荣芋螺被窃贼盗走，这也是有史以来博物馆里发生的唯一一次贝壳失窃案。虽然现存的海荣芋螺有上千枚，而且价格也有了显著的下降，但是因其极具标志性，因此仍然是贝壳收藏者们最梦寐以求的贝壳之一。

分布

印度洋 – 太平洋海域

尺寸

12.5 厘米

七彩少女树蜗牛

Liguus virgineus

这是一种加勒比海地区特有的树栖蜗牛。七彩少女树蜗牛一生中的绝大部分时间都在树上度过，不过它们需要将卵产在潮湿的泥土中，因此会在产卵时短暂来到地面。刚孵化出的小蜗牛会爬上最近的树，以青苔和真菌为食。七彩少女树蜗牛的外壳色彩亮丽、状如彩虹，看起来像是用颜料画上去的一样，但实际上这些色彩完全是自然的。早期欧洲探险家把加勒比海地区的很多陆生蜗牛的壳带到欧洲，七彩少女树蜗牛就是其中最早的之一。意大利耶稣会牧师菲利波·布南尼（Filippo Buonanni，1638—1723）于1684年在他的著作《反射思维和眼睛》（*Recreatio Mentis et Oculi*）中绘制过这种蜗牛，这是世界上第一份贝壳学研究指南，因此七彩少女树蜗牛便成为第一个被科学描述的新热带区蜗牛[1]。

分布

海地岛和古巴

尺寸

4厘米

---

[1] 新热带区为动物地理区名称，包括南美次大陆与中美洲，西印度群岛和墨西哥南部，译者注。

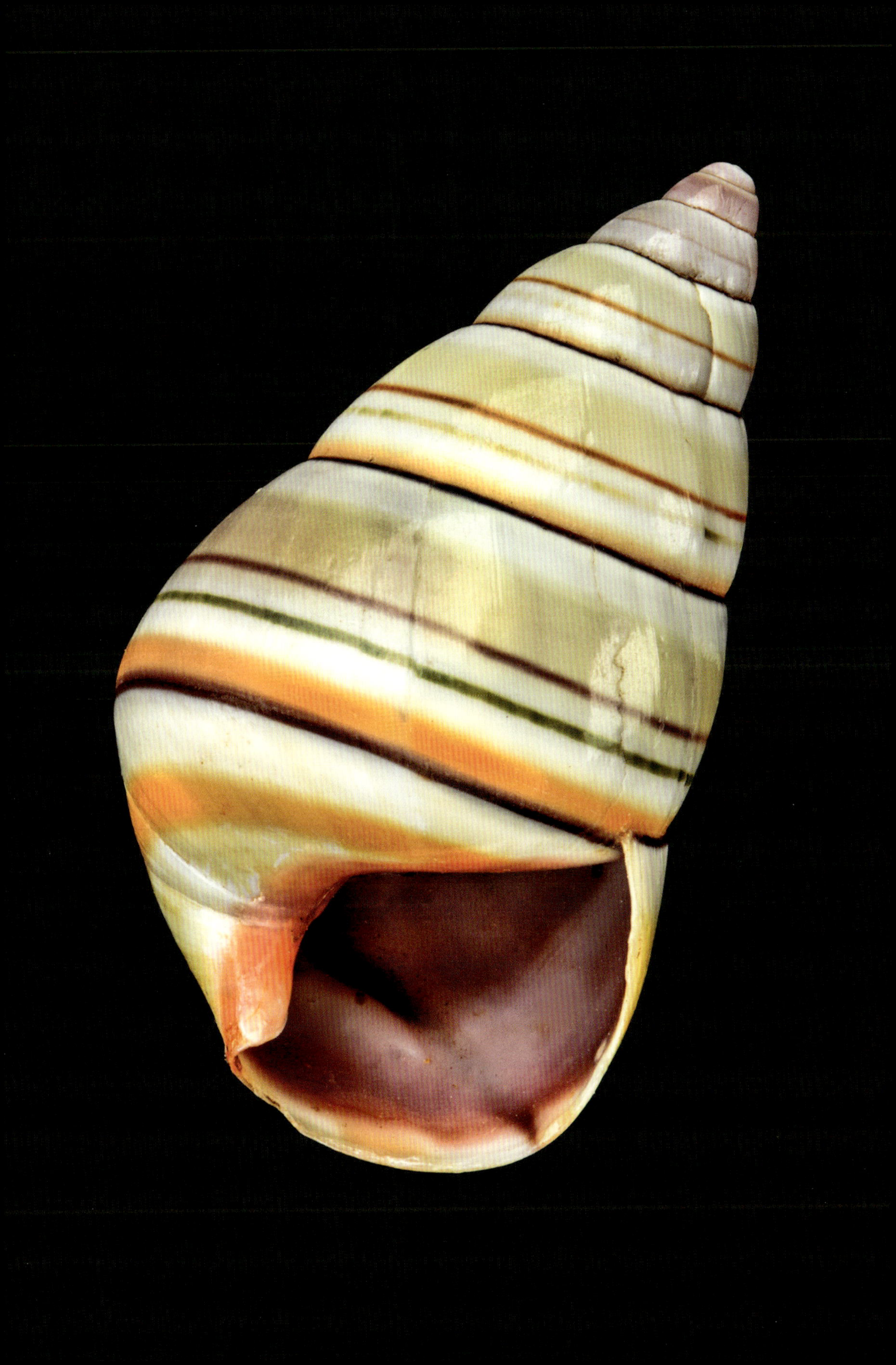

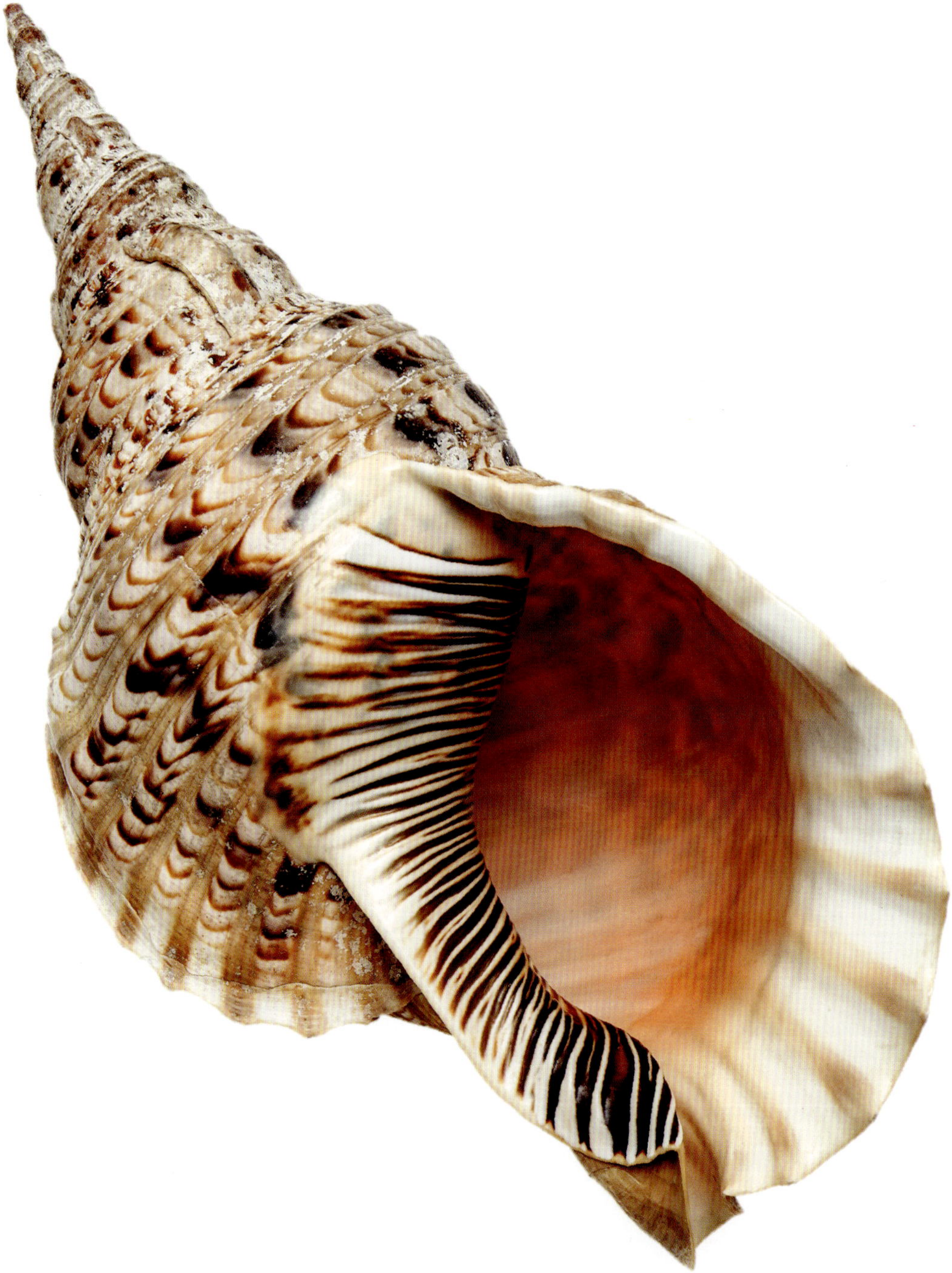

大法螺

Charonia tritonis

　　螺壳很可能是人类使用的第一个小号类乐器。早期的人类发现，把螺壳的尖端打破，或是在螺壳顶部附近钻出一个小洞，然后用力吹气，就可以发出响亮的声音，几千米外都可以听到。在欧洲，大法螺曾被士兵用作战斗的号角，牧民用它们赶牛放羊，渔民用它们在广阔的水域互相联络。在夏威夷的某些地方，直到今天仍然还保留着在日落时分吹响大法螺（当地人称之为 pū）的习俗。在日本，神道教的祠官称之为法螺贝（Horagai），并在与火有关的布道昭示中吹奏。大法螺体形较大，易于辨识，其英文名 Triton 源自古希腊神话中海神的信使，他能用大法螺召唤汹涌的风暴，也能让大海重归平静。

分布

印度洋 – 太平洋海域，红海

尺寸

40 厘米

比萨茶蜗牛

Theba pisana

由于腹足类软体动物数量多而且易采集，因此从史前时代开始它们就一直是人类最重要的食物来源之一。包括图中这种比萨茶蜗牛在内的很多陆生蜗牛一直被很多人视作美食，现在世界上有很多地区仍然将蜗牛当作食材。仅在葡萄牙一地，每年吃掉的蜗牛就重达4000吨，比萨茶蜗牛也在其中。因为有这样的需求，就出现了专门饲养蜗牛的农场，并由此形成了专门的产业——蜗牛养殖业（Heliciculture）。饲养出来的蜗牛除了可供人食用外，还可以用于制药，近年来还有提取蜗牛黏液用于化妆品制造，据说有抗皱祛斑的神奇效果。

分布

原产于地中海，后引入其他很多国家和地区，如英格兰、威尔士、加利福尼亚以及南非等

尺寸

2厘米

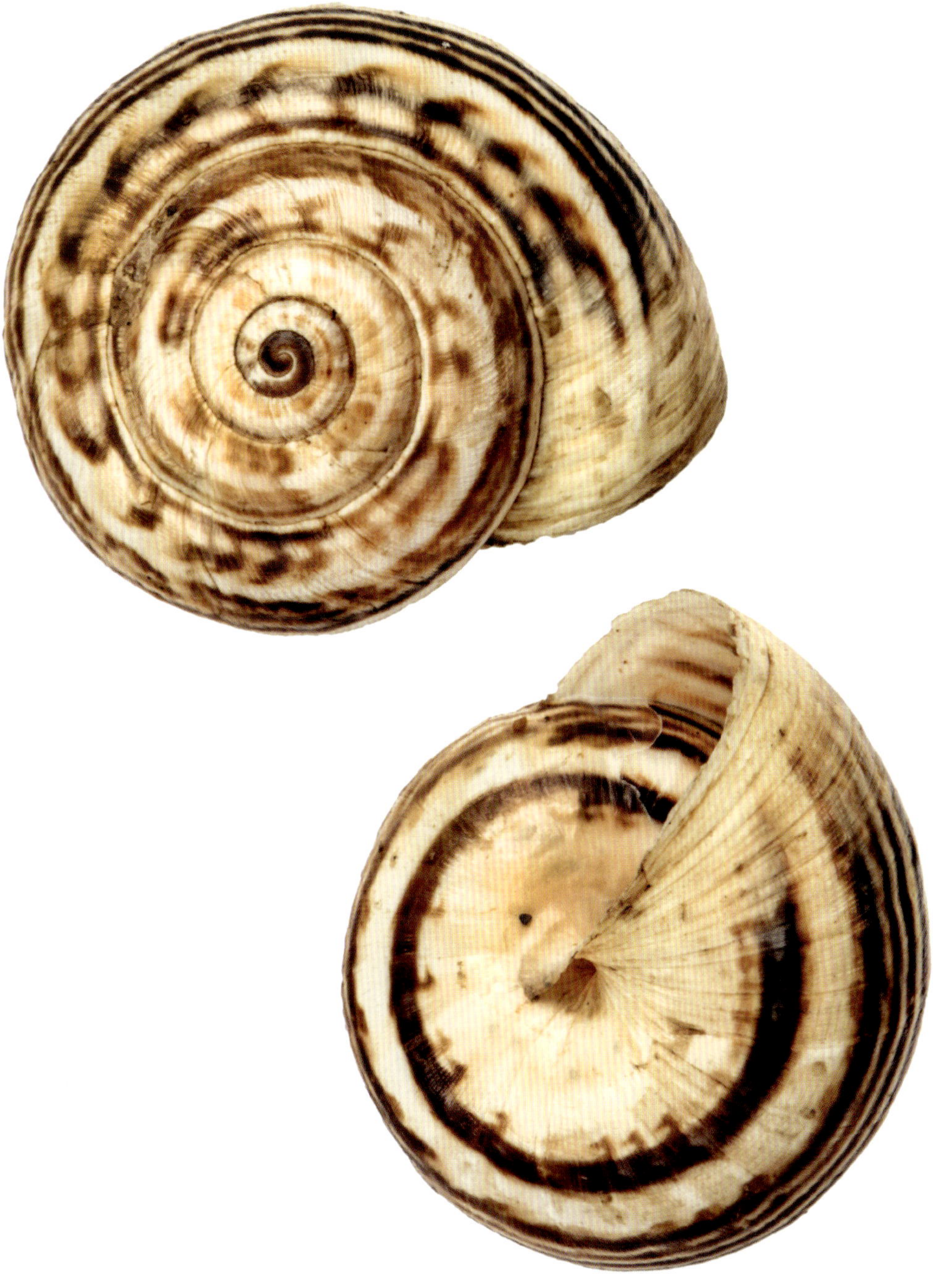

女王凤凰螺

Aliger gigas

在古代中美洲地区流行的搏斗比赛中会用到女王凤凰螺。在比赛中，选手们将螺壳当作拳击手套，或者更准确地说，就是那种角斗士们在搏斗时使用的凶狠残忍的指环套。比赛的双方通常是奴隶或俘虏。古墨西哥的阿兹特克（Aztec）文化中，人们会在宗教仪式上吹奏用这种海螺做成的小号。在螺号声中，代表风与智慧的羽蛇之神奎兹特克（Quetzalcoatl）会去到冥界将亡者复活。

发布

加勒比海

尺寸

16 厘米

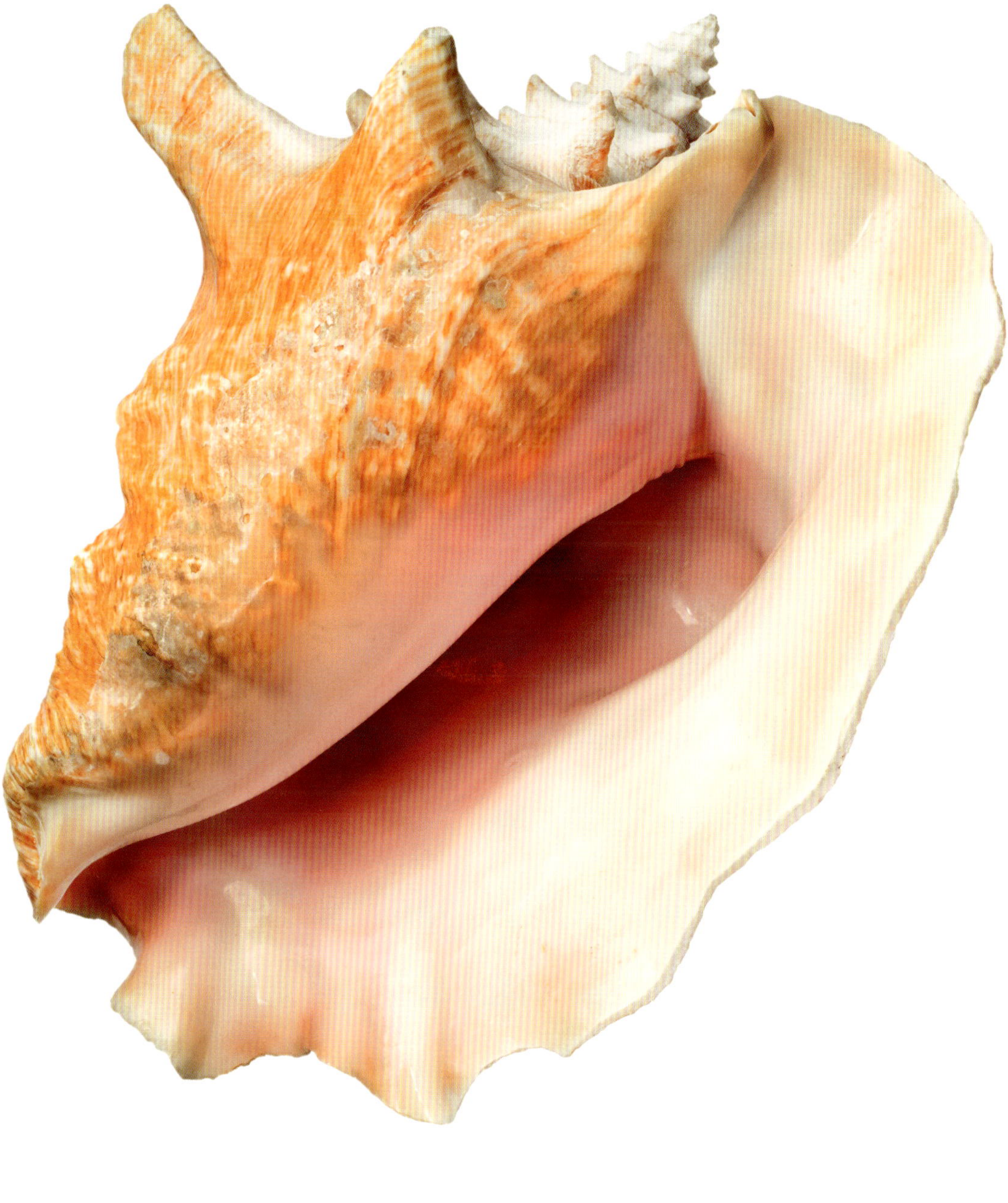

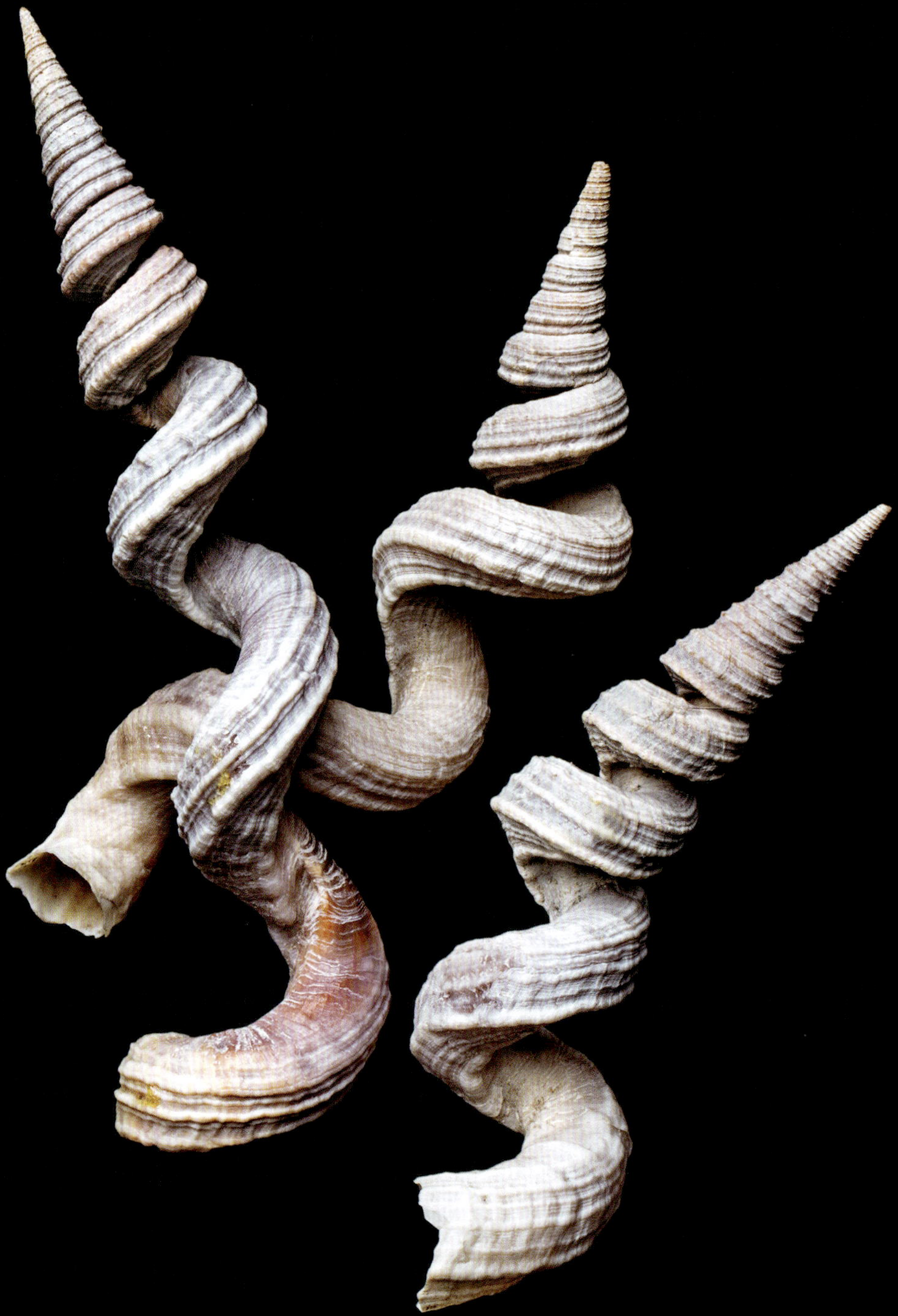

蚯蚓锥螺
Vermicularia spirata

　　绝大多数腹足类软体动物的外壳都呈规则、整齐的螺旋状，不过蚯蚓锥螺是个例外。它们的外壳像扭曲的细管子，开始生长的几层螺壳尚能规则地缠绕，但是后面形成的壳就越来越松散，而且变形，因此虽然蚯蚓锥螺看起来都很类似，但是绝不可能找到两个一模一样的个体。蚯蚓锥螺是邻接雌雄同体（sequential hermaphrodites）动物，它们刚成年时都是独立个体的雄性，但是之后会变成雌性，目前尚不清楚发生这种转变的原因。在变为雌性的同时，蚯蚓锥螺还变成了固着生物，会把自己附着在各种基质上，如海绵或是其他一些动物。

分布
西北大西洋、加勒比海和墨西哥湾

尺寸
10 厘米

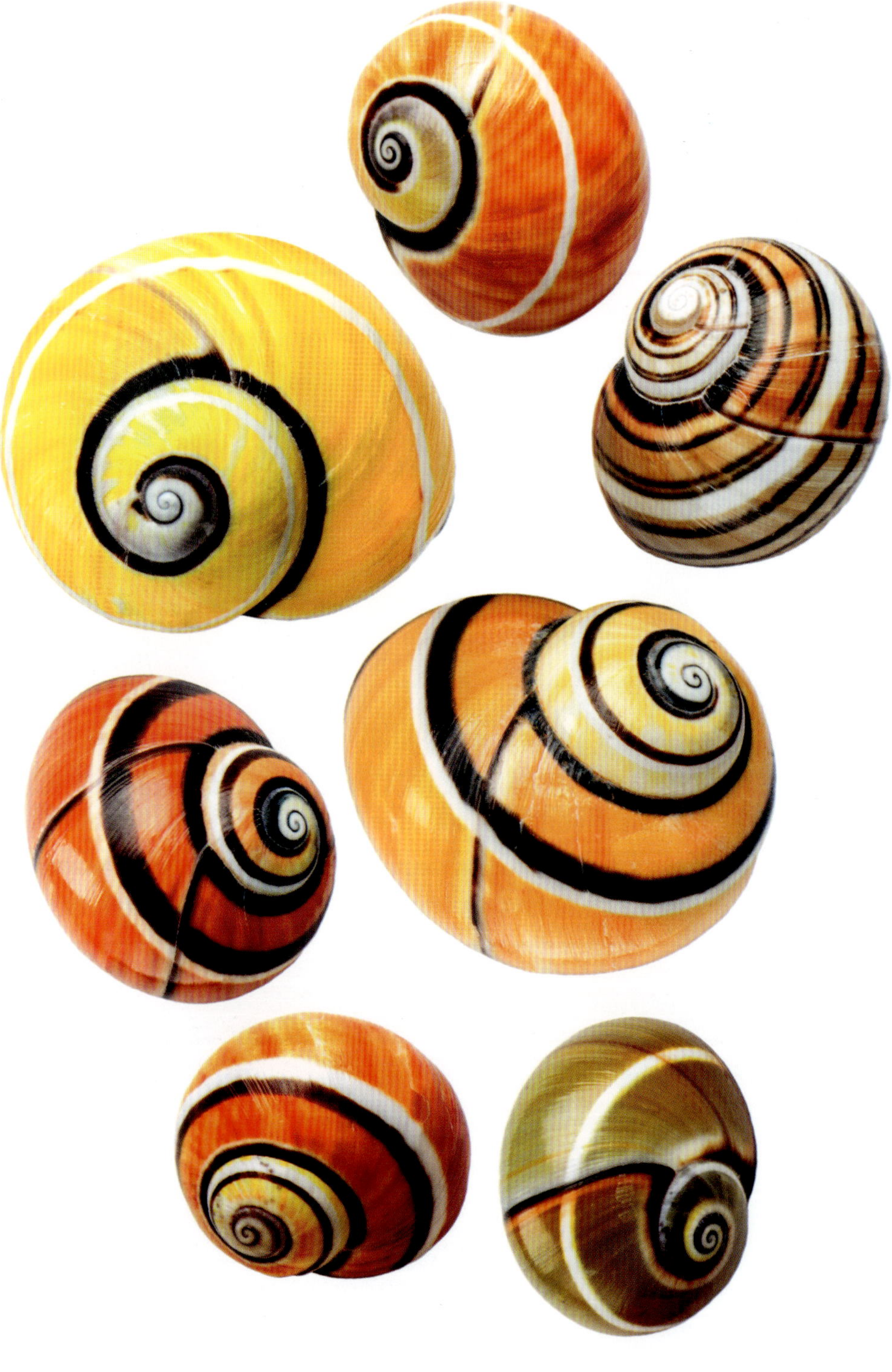

古巴彩绘蜗牛

Polymita picta

在古巴生活着超过 1400 种蜗牛，而且其中大约 96% 都是古巴特有的，在世界上的其他地区迄今尚未发现。古巴的复杂地理条件使其成为地球上生物多样性最为丰富的热带岛群，形成了多种生态系统，为物种的演化提供了绝佳条件。令人叹为观止的软体动物种群就是例证之一。图中的这些就是著名的古巴彩绘蜗牛，因为它们螺壳色彩鲜亮艳丽，故而得名彩绘蜗牛。它们的壳有绿色、红色、黄色、黑色、棕色等各种色彩组合，但是很奇怪的是从未有人见到过蓝色的。古巴彩绘蜗牛生活在树上和灌木丛中，以地衣、苔藓和真菌类植物为食。它们有很多自然界的天敌，包括脊椎动物和无脊椎动物，但是栖息地被破坏才是对它们生存的最大威胁。

分布

古巴地区特有

尺寸

2.5 厘米

卡氏杨桃螺
Harpa cabriti

卡氏杨桃螺在遇到捕食者威胁或是受到外界某种干扰时，能够像壁虎断尾一样舍弃一部分腹足以求逃生，而其舍弃的那部分腹足可以不断扭动，吸引捕食者的注意力，让其有足够的时间钻进泥沙中躲藏。某些动物特有的这种舍弃部分肢体以逃生的能力被称为"自切"（autotomy），这不会对动物造成实质性损害，因为舍弃掉的那部分肢体还会再生，因此卡氏杨桃螺可以重复使用这种超能力。

分布
红海、阿拉伯湾和印度洋

尺寸
10 厘米

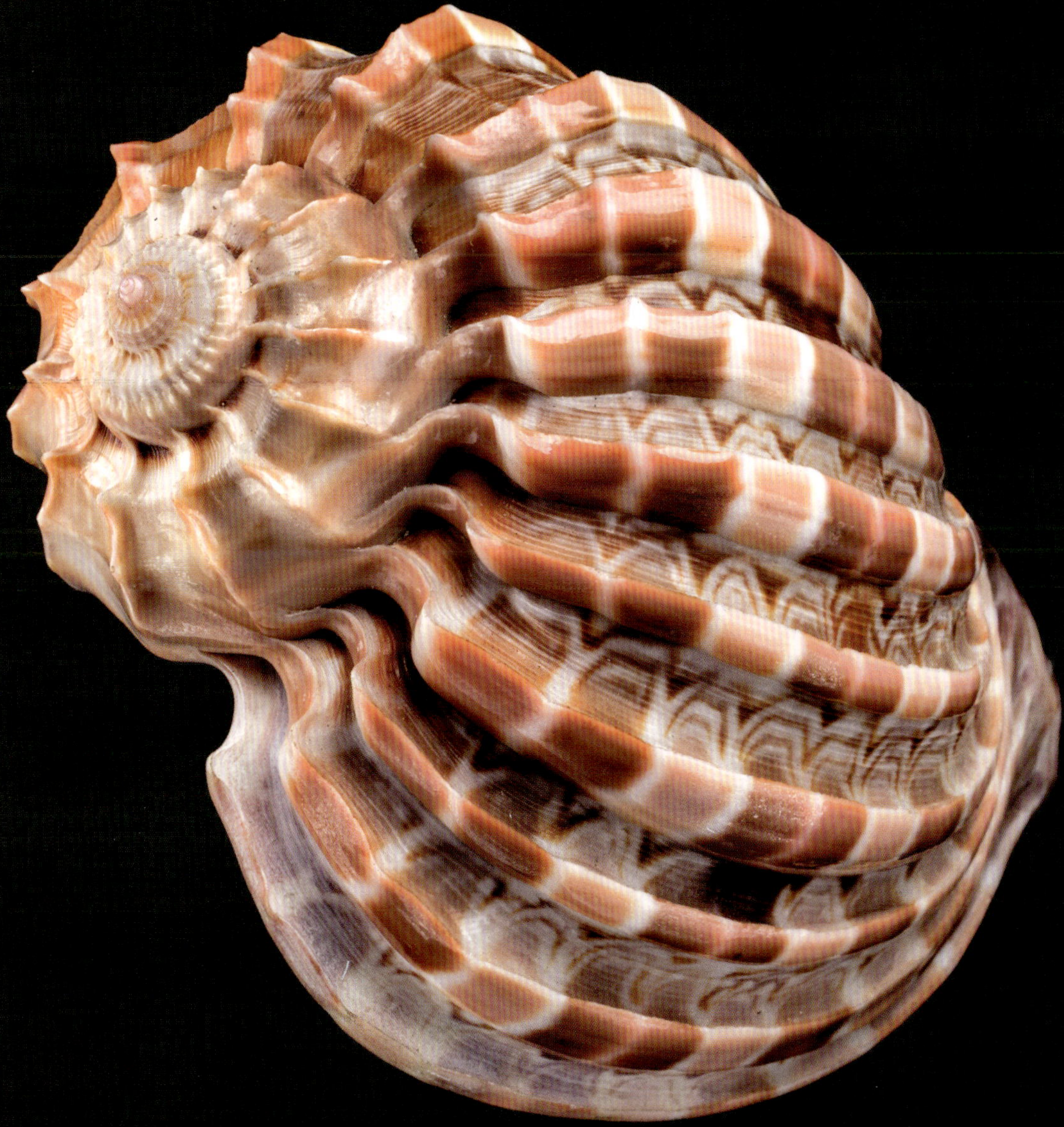

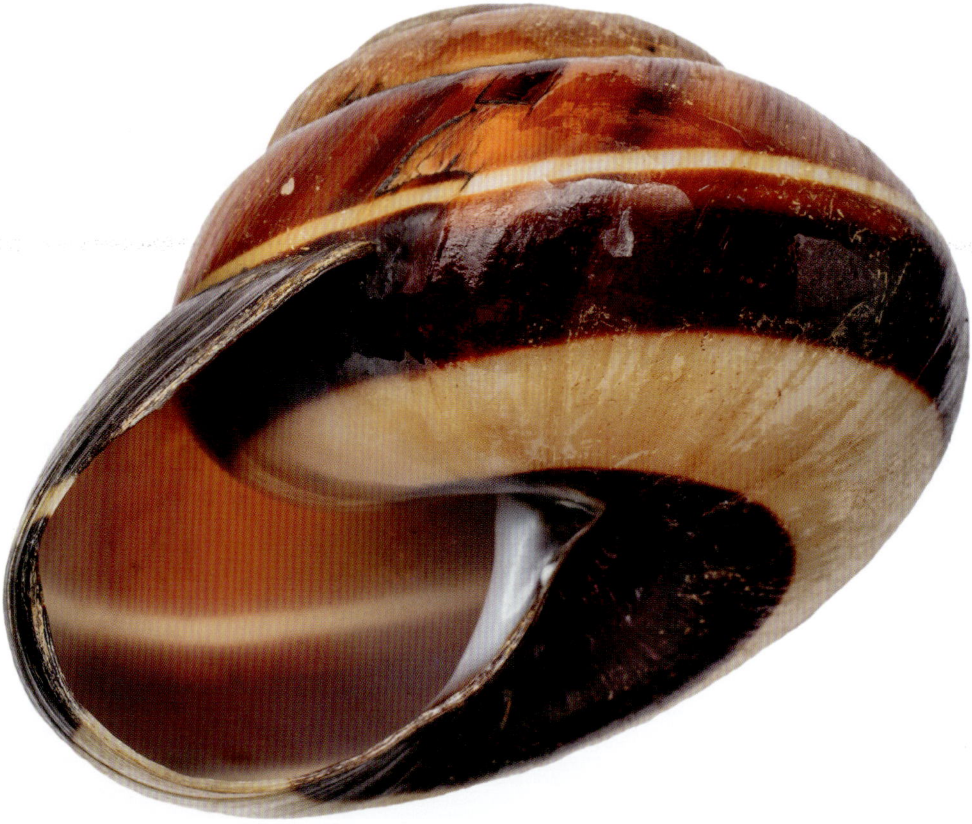

柬埔寨德亚奇螺
Bertia cambojiensis

大多数的陆生蜗牛是雌雄同体的，即同时拥有雌性和雄性的生殖器官，既可以产生精子也可以产生卵子。虽然有些种类的蜗牛能够自体受精，但是大多数情况下还是通过两只蜗牛进行交配以完成繁殖过程。有些蜗牛在交配之前会有求偶的仪式，柬埔寨德亚奇螺就是其中之一，它们会向对方的身体射出"飞镖"。这种"飞镖"在求偶过程中究竟起到什么作用目前还不得而知，科学家们正在研究之中。这些"飞镖"的成分主要是碳酸钙、甲壳素或是软骨，长度 1~30 毫米不等。这些"飞镖"储存在蜗牛体内的一个镖囊中，不同品种蜗牛的"飞镖"形状也各不相同。

分布
越南地区

尺寸
6.0 厘米

丹尼森氏皱螺
Morum dennisoni

  自 17 世纪末期，贝壳就已经成为拍卖市场上的商品。对于博物馆来说，其藏品来源渠道除了社会上的定期捐赠外，也有从中间商和拍卖行处购买。坐落于国王街 38 号科文特花园的史蒂文斯拍卖行曾是伦敦最著名的拍卖行，主要拍卖博物学标本及人类学艺术品。在长达近两个世纪的时间里，这个拍卖行见证了多次重要的贝壳拍卖，让很多博物馆、收藏家和科学家们如愿以偿。丹尼森氏皱螺是生活在加勒比海地区的一种稀有海螺，其名字源于一场对约翰·丹尼森私人贝壳藏品的拍卖，那是这种海螺第一次被科学描述。这是一种肉食性腹足类，通常生活在深海的泥沙中。丹尼森的收藏品在 19 世纪非常著名，因此，1865 年的那次丹尼森藏品拍卖也被博物学收藏家们视作是"世纪大拍卖"。

分布
加勒比海
尺寸
5.0 厘米

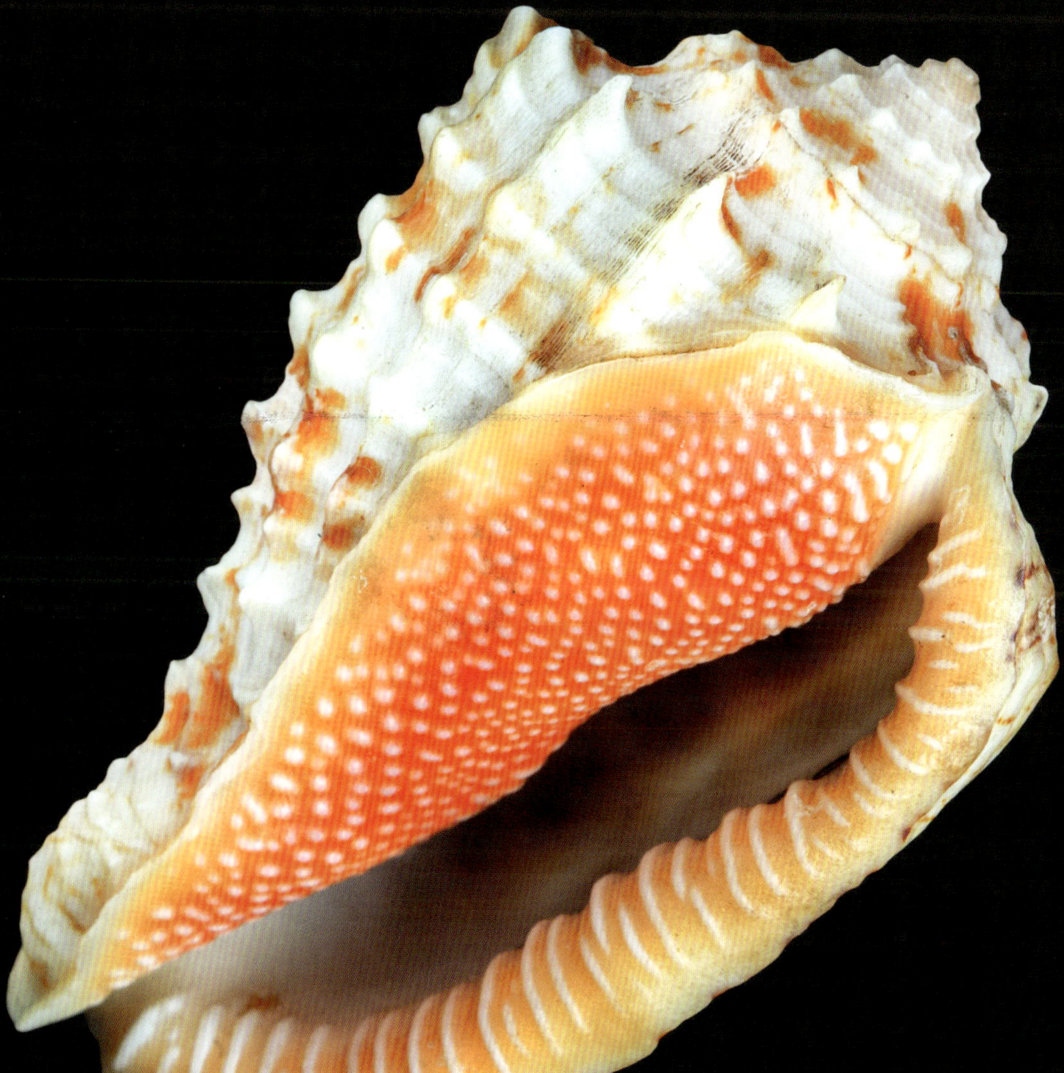

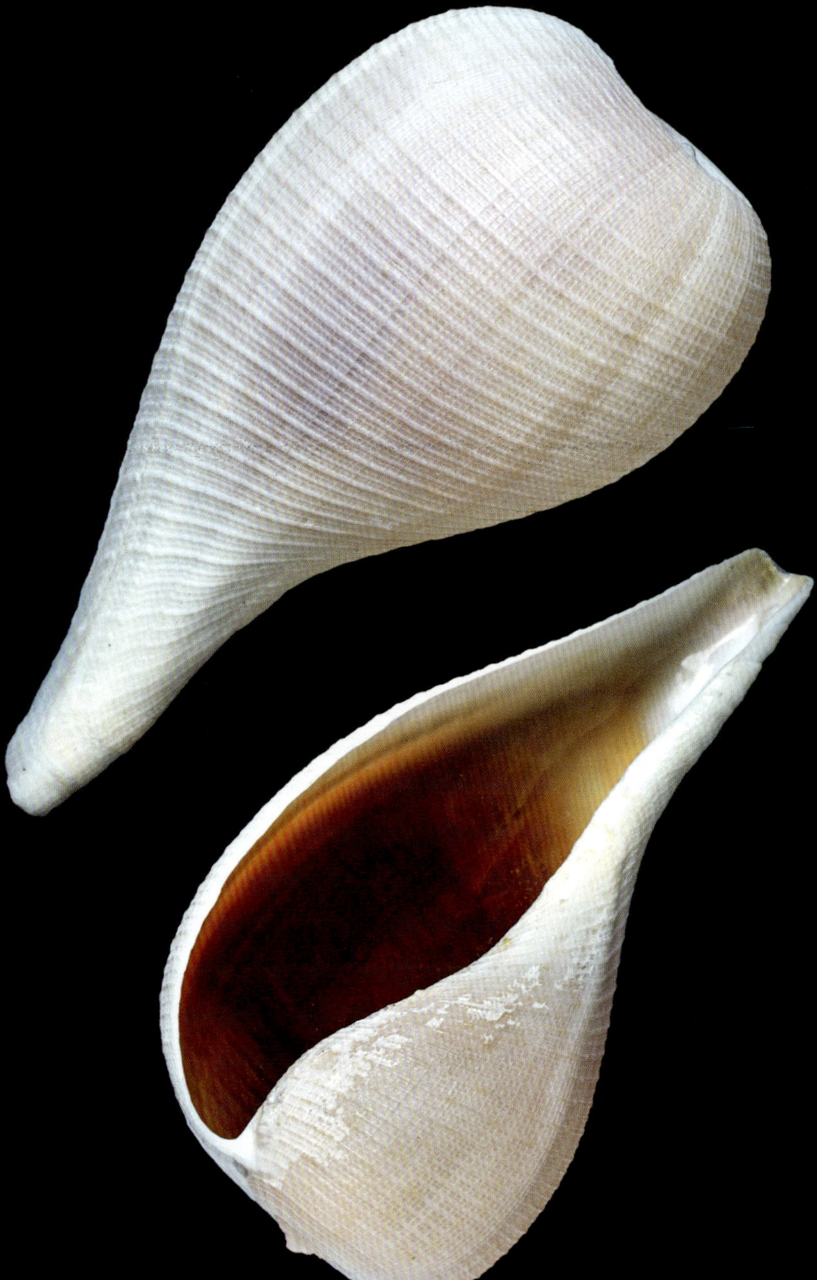

美东枇杷螺
Ficus papyratia

  1812年,一群对自然历史怀有极大兴趣的科学爱好者们创建了费城自然科学学院,也就是现在的德雷克赛尔大学自然科学学院。它是美洲地区最早的自然历史研究机构,而且保存着全美国最古老的贝壳标本藏品。托马斯·萨伊(1787—1834)是学院的软体动物馆第一任馆长,同时也是学院的创始人之一,他在一次前往佛罗里达州的途中发现了这种海螺,并于1822年对其进行了描述。因为这种螺看起来像枇杷和无花果,因而就有了这个常用名美东枇杷螺。

分布
美国北卡罗来纳至墨西哥湾

尺寸
8.5厘米

猫眼蝾螺

Turbo petholatus

　　大多数螺类都可以用其腹足后部的一个类似暗门一样的盖板封闭螺壳的入口，这个盖板被称作口盖（operculum），其形状大小与螺壳入口完全吻合，封闭后不仅可以保护自己免受捕食者伤害，还可以防止壳内的水分流失，抵御干燥环境。口盖有两种，一种是成分为贝壳硬蛋白的角质口盖，一种是成分为碳酸钙的钙质口盖。大部分海螺和淡水螺都有口盖，而陆生蜗牛只有少数种类有口盖。猫眼蝾螺是海螺，种群数量较大，多生活在热带地区浅海中的珊瑚礁附近，以海藻为食，它们的钙质口盖很厚重，被称为"猫眼"。这种海螺颜色亮丽，常被用来制作饰品。

分布

红海、印度洋 – 太平洋海域

尺寸

7.0 厘米

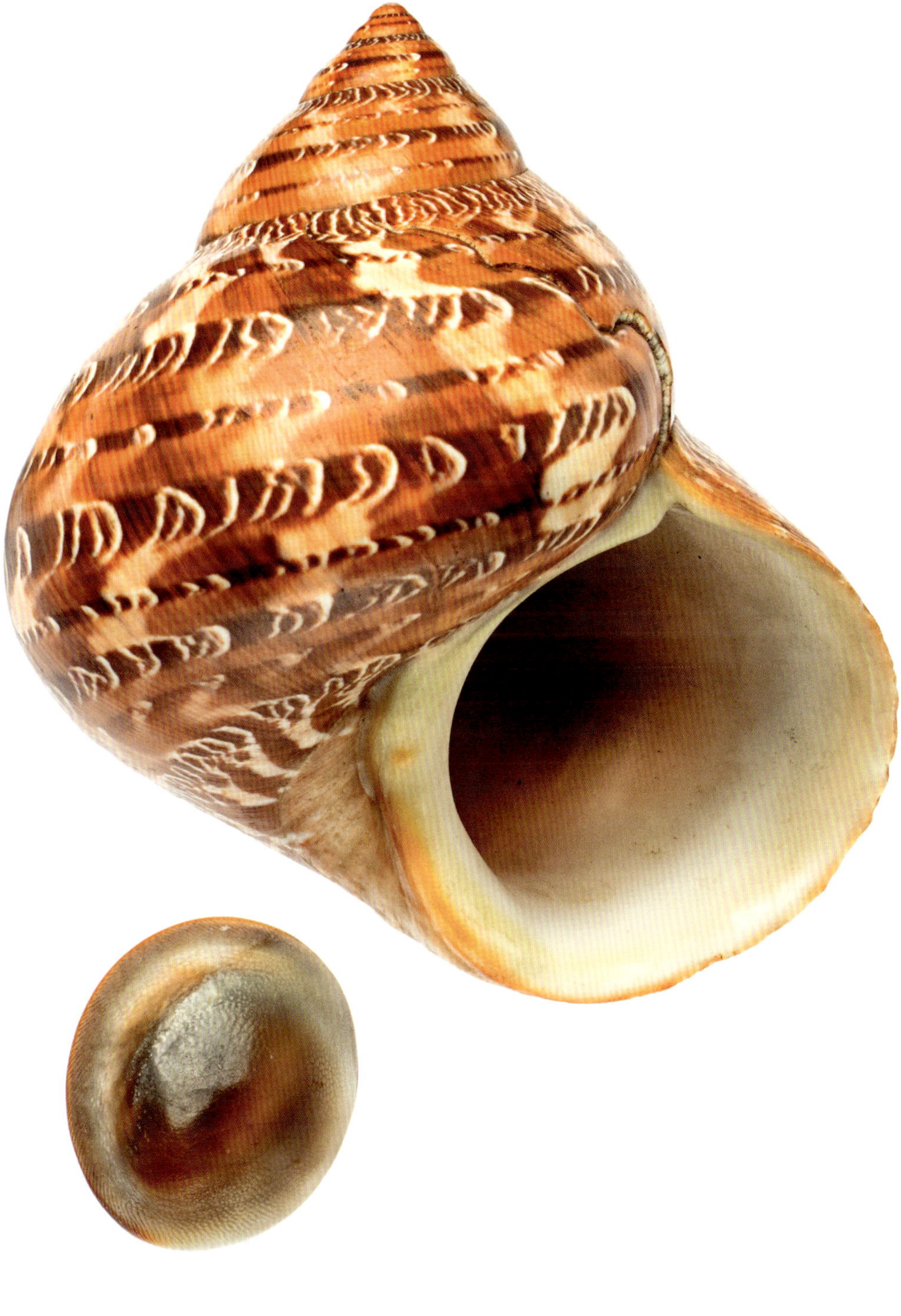

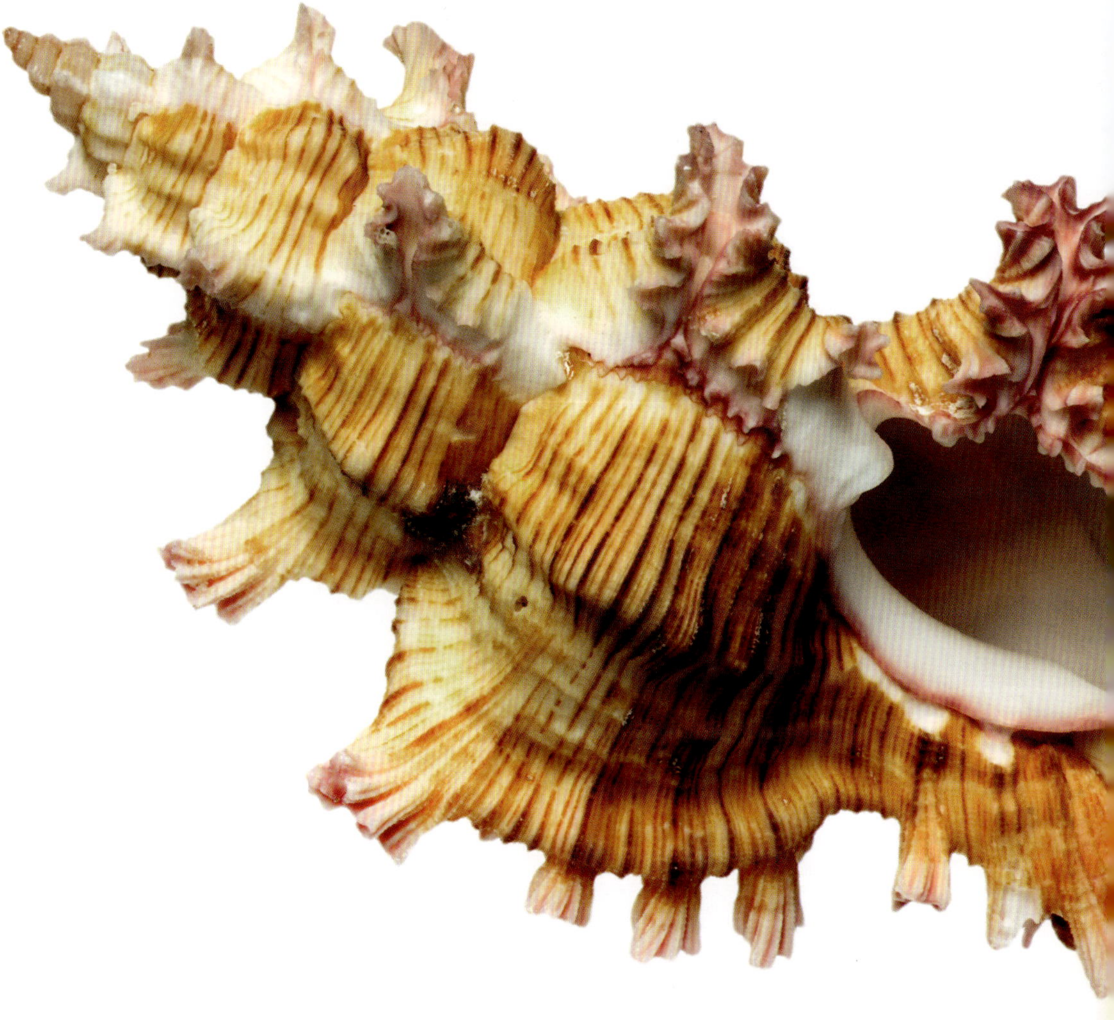

秀美千手螺

Chicoreus saulii

骨螺科海螺分布广泛，有数百种之多，形状和尺寸差别很大。它们是贪婪的掠食者，甚至会以其他的腹足类软体动物为食，它们能用齿舌在猎物的壳上钻出一个圆形的孔洞。此外，它们也会吃珊瑚、藤壶和棘皮动物。有的骨螺喜欢住在岩石间，有的则选择泥地或沙地。通常在初夏的时候，雌性骨螺会选择在岩石下方产下卵囊，而且一大群骨螺会将卵囊产在一起。在所有的海洋动物中，骨螺科的壳是结构最复杂的，其中一个最主要的特点是其螺层肩部的沟状构造，上面通常有雕刻饰、结节突起或棘刺。有些骨螺有枝叶状的棘刺，图中的秀美千手螺就是其中之一，而且偶尔还能看到粉红色棘刺的秀美千手螺。

分布

南太平洋

尺寸

11 厘米

曲氏玉黍螺

Tectarius cumingii

英国贝壳收藏家休·卡明（Hugh Cuming，1791—1865）称得上是贝壳学发展史上的一位开拓者，他在美洲太平洋沿岸和印度洋－太平洋海域的探险过程中收集了数以万计的贝壳，而且其中很大一部分是科学界首次发现。他的丰富贝壳藏品吸引了自然科学家的目光，甚至还是一些作家的灵感来源，成就了几部重要的贝壳学文学作品。从软体动物贝壳类私人藏品的角度看，卡明的藏品数量是他那个年代最大的——多达 83000 件！这些贝壳在 1866 年由大英博物馆购买馆藏。卡明贝壳藏品的最大价值在于其中有大量体现种类多样性的原始标本。即便是在今天，这些贝壳仍然还在为全世界科学家们的相关研究提供支持。图中这件如雕刻品一样的玉黍螺是 1846 年由智利裔德国软体动物学家 R. A. 菲利比（R. A. Philippi，1808—1904）以卡明的名字命名的。

分布
印度洋－太平洋海域中部
尺寸
2.0 厘米

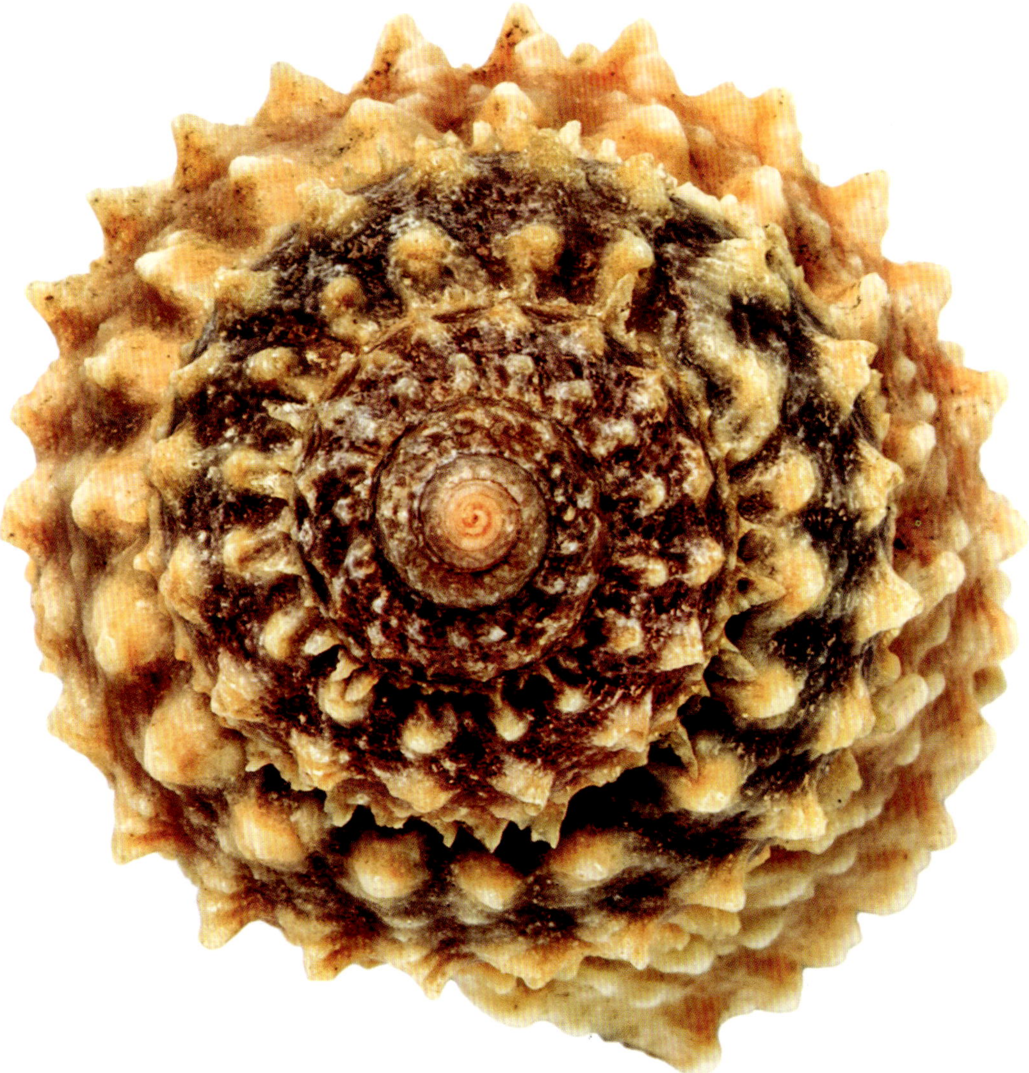

沙纹两栖蜗牛

Amphidromus inversus

　　螺旋方向是螺壳的一个重要特征，绝大多数螺壳的螺旋是右旋的，也就是顺时针方向，只有少部分呈左旋，即逆时针方向。但是沙纹两栖蜗牛是个特例，它们具有掌性对称的二态性，也就是说它们同时存在左旋和右旋的个体。有一种推断认为，这种例外现象与沙纹两栖蜗牛的捕食者——蛇有关。以蜗牛为食的钝头蛇属中的大部分蛇都有一个特点，就是它们右颌的牙齿要比左颌的长，这对于捕食右旋的蜗牛很有帮助。因而，沙纹两栖蜗牛演化出了反方向螺旋的个体，这就降低了被蛇捕食的概率，有助于生存。

分布

南亚地区

尺寸

4.5 厘米

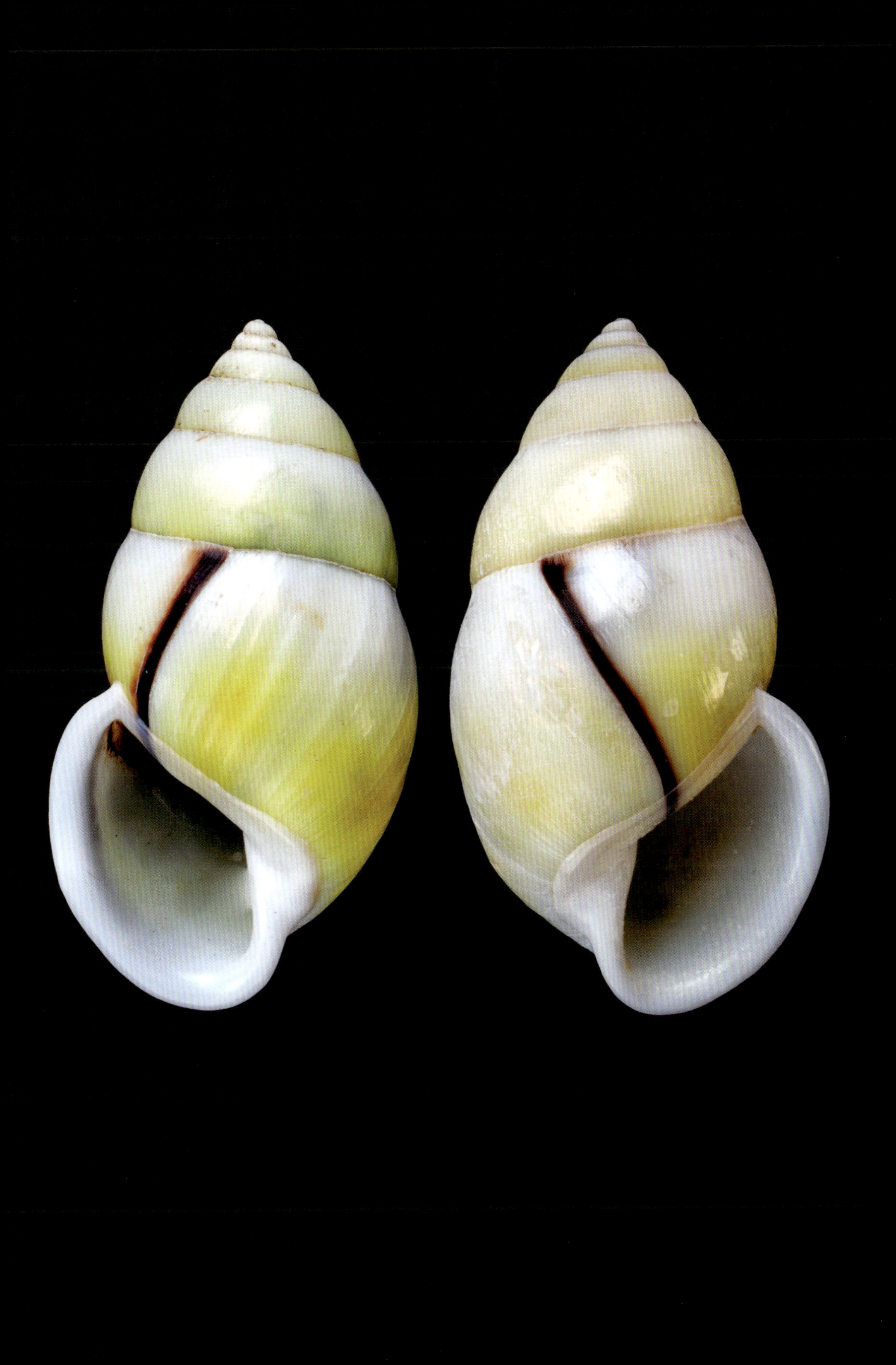

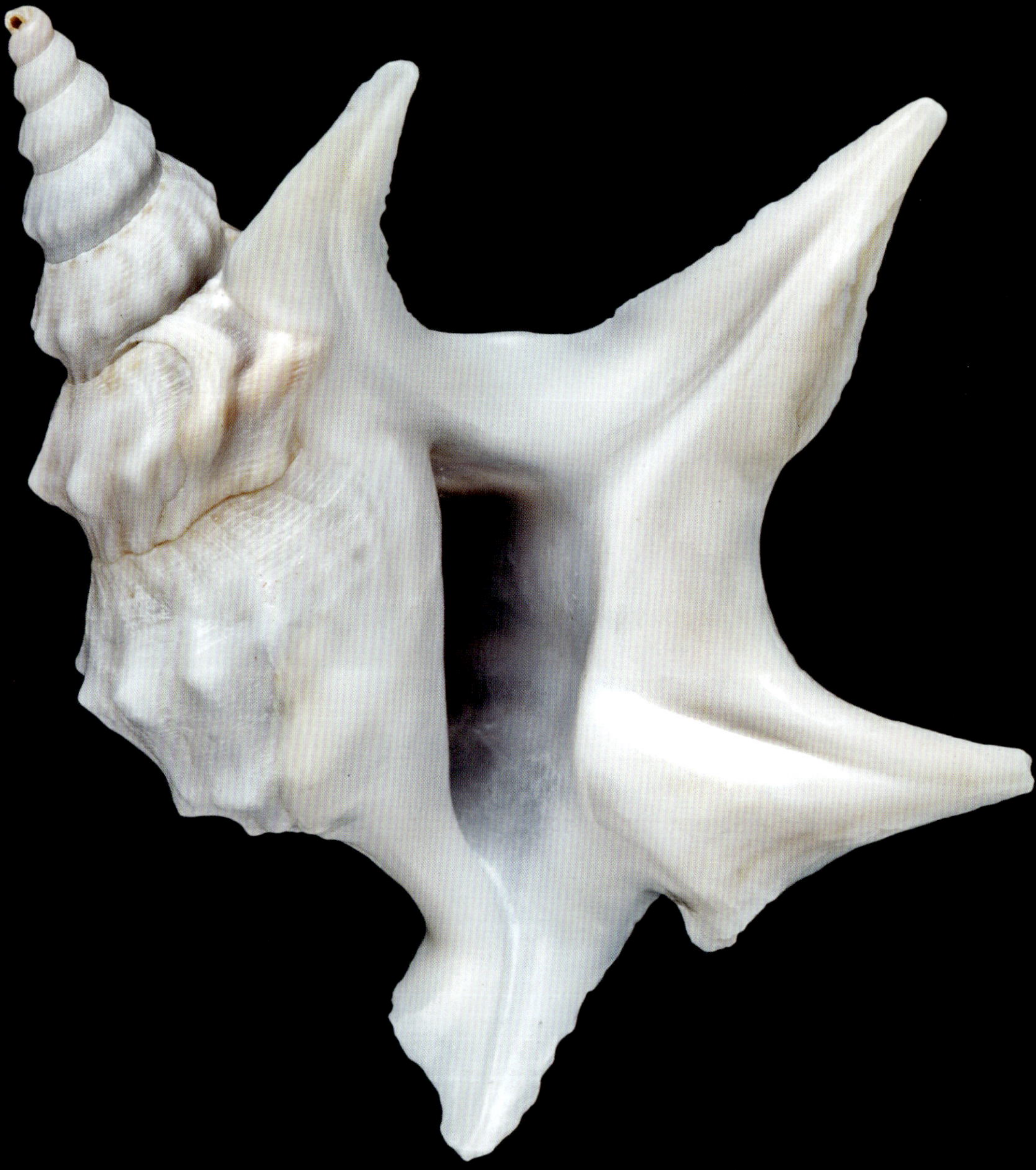

鹅足螺

Aporrhais pespelecani

  大不列颠及爱尔兰贝壳学会（Conchological Society of Great Britain & Ireland）是当今最古老的自然历史学会之一，一直致力于软体动物研究。它成立于1876年，当时名为利兹贝壳俱乐部，后来在1878年5月30日举行的第39次会议上变更为现在的名字。这个学会的创始人是四位对贝壳充满热情的贝壳学家，分别是威廉·纳尔逊（William Nelson，1835—1906，第一任主席）、约翰·威廉·泰勒（John William Taylor，1845—1931）、威廉·丹尼森·罗巴克（William Denison Roebuck，1851—1919）和亨利·克劳瑟（Henry Crowther，1848—1937）。该贝壳学会的徽标就是图上这种鹅足螺。这是欧洲地区的一种海螺，生活在泥沙质海底，其成年个体看起来就像是鹈鹕的脚掌，因而得名鹅足螺。

分布
挪威北部和冰岛至地中海地区
尺寸
4.0厘米

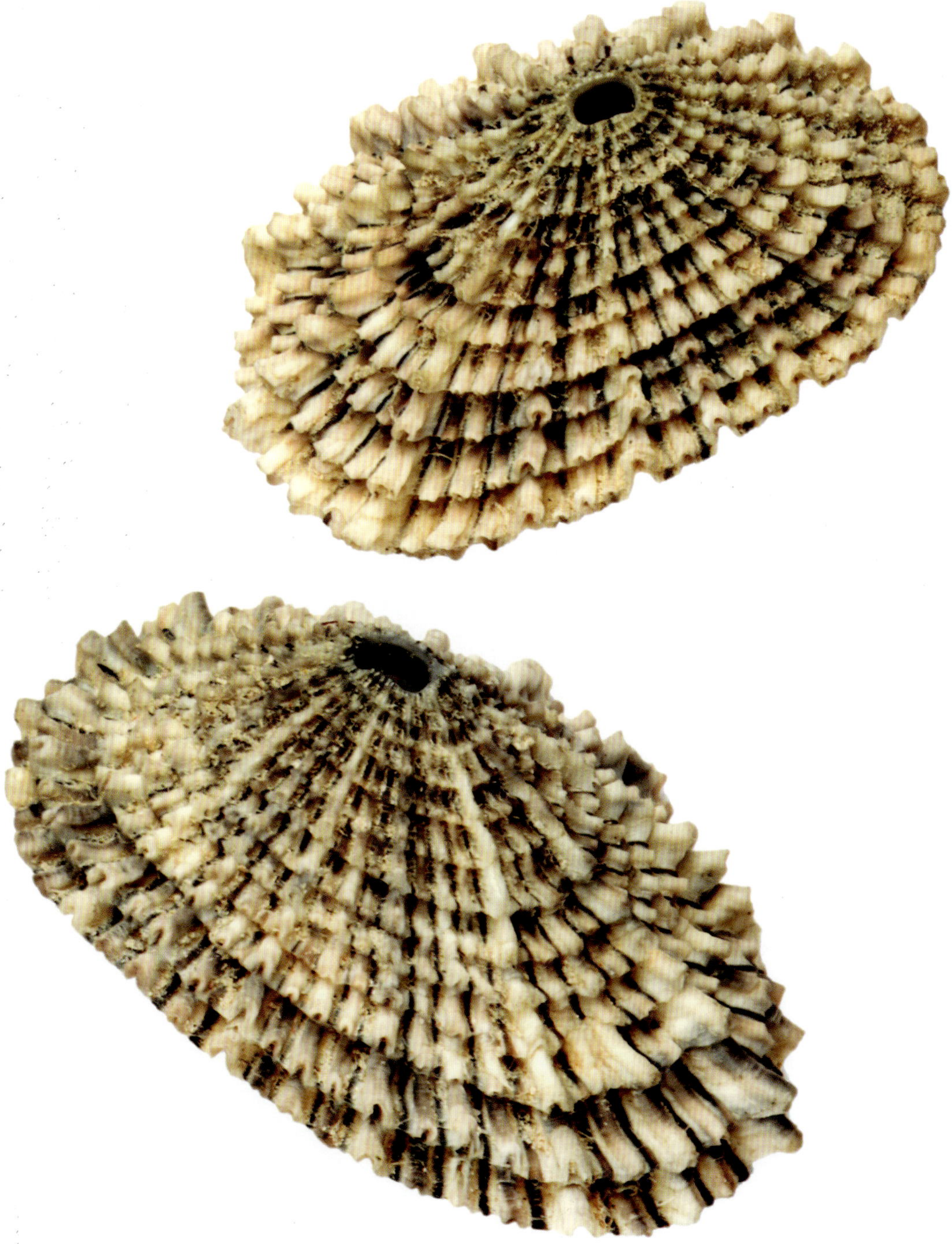

朱克透孔螺
Diodora jukesii

　　透孔螺是一种海螺，因其螺壳顶部有一个供废水排出的小孔而得名。海水从螺壳边缘下方进入，经由鳃部向上，从顶部小孔排出体外，同时将海螺体内的排泄物带走。这种单向循环也保证了海螺吸入体内的水不会被排泄物污染。透孔螺螺壳顶部小孔的形状不一，具体位置也因种类不同而有差异。其生活区域广泛，全球都有分布，但大多数生活在潮间带的浅水区，以海藻和海绵为食，也有一些会吃腐质。图中的这种朱克透孔螺主要生活在南澳大利亚潮间带的珊瑚礁上或是岩石下方。

分布

南澳大利亚

尺寸

2.5 厘米

南非蝾螺

Turbo sarmaticus

　　南非蝾螺是一种螺壳大而厚重的海螺，其色彩极具美感，或许因此而成为贝壳爱好者最为欣赏并梦寐以求的贝壳之一。在自然状态下，蝾螺看起来平淡无奇，但是如果用酸溶液或是摩擦除去外层后，其带着各种色彩和条纹的美丽的珍珠层就展现了出来。闪着银光的珍珠层上点缀着自然形成的褐色锈状斑纹，令其成为珠宝首饰的完美来源。这种蝾螺为南非独有，而且一直是当地人的食物之一。在考古中发现的螺壳堆遗迹说明，从史前时代开始，当地人就曾大量采集蝾螺作为食物。

分布

南非独有

尺寸

6.0 厘米

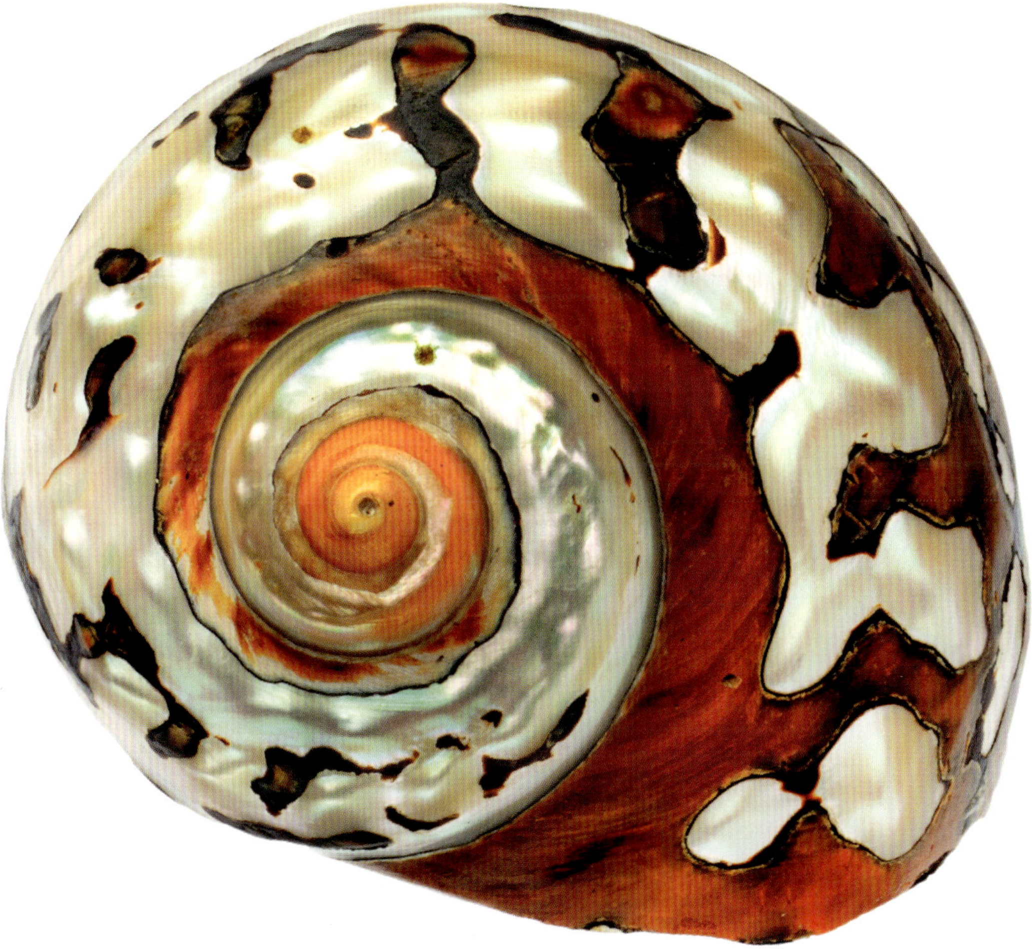

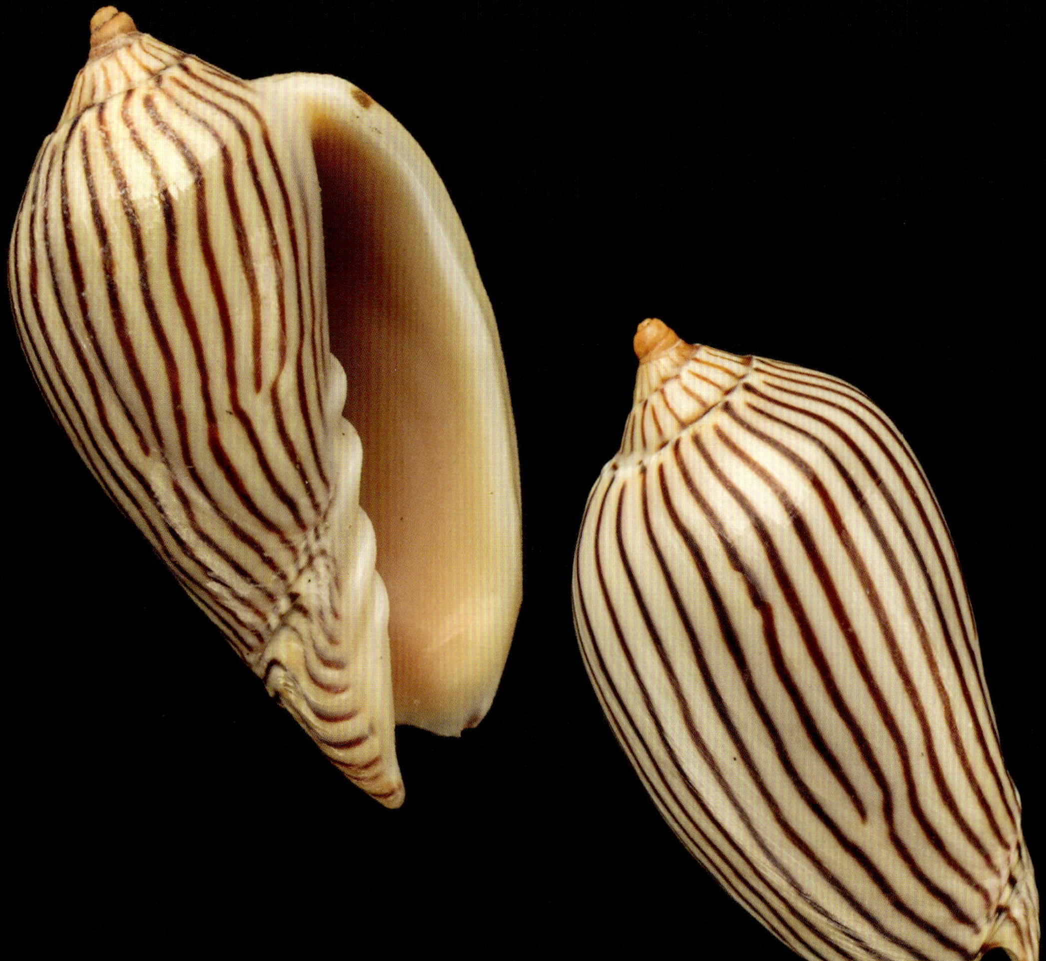

斑马涡螺

Amoria zebra

涡螺是海螺中一个比较大的种群，因螺壳光滑、色彩和图案丰富而受到贝壳收藏者的喜爱。涡螺主要生活在热带，尤其在澳大利亚地区最具多样性。它们是肉食性动物，大部分居住在大陆架和大陆坡的泥沙地上，通过气味捕食包括其他软体动物在内的小动物。涡螺捕食的方式是用自己大而膨胀的腹足紧紧裹住猎物，使其窒息。其腹足有多种颜色，而且除了捕猎之外，涡螺的腹足还有挖掘能力，能够帮助涡螺完全钻到沙土下方并继续挖掘前进，速度比其他大部分海螺都快。图中的斑马涡螺是澳大利亚特有物种，种群聚集生活，从昆士兰到新南威尔士州都有分布。螺壳颜色为白色至浅棕色，上有明显的褐色条纹。

分布

澳大利亚

尺寸

4.0 厘米

印尼椰子涡螺

Melo aethiopicus

　　汉斯·斯隆爵士（Sir Hans Sloane，1660—1753）是一名爱尔兰医生、科学家兼收藏家。他一生中收集了无数来自世界各地的动植物标本、硬币、书籍、绘画、地图以及珍贵的古董和艺术品。当然，他的杰出的博物学藏品也要部分归功于其他的一些商人、药剂师、医生、博物学家和收藏家们，是他们为斯隆源源不断地提供来自遥远国度的标本。斯隆去世后，英国政府以当时2万英镑（相当于今天的400多万英镑）收购了斯隆的40多万件藏品，其中包括约6000枚贝壳。这些贝壳中的大约700枚目前仍属伦敦的英国自然历史博物馆的软体动物馆的馆藏，包括1枚图中所示的印尼椰子涡螺的螺壳。这种螺壳又大又圆，印度尼西亚人曾经用它们作为装水的容器，或者用它们将独木舟中的水舀出去，这也是其常用名的由来。

分布

印度尼西亚

尺寸

24厘米

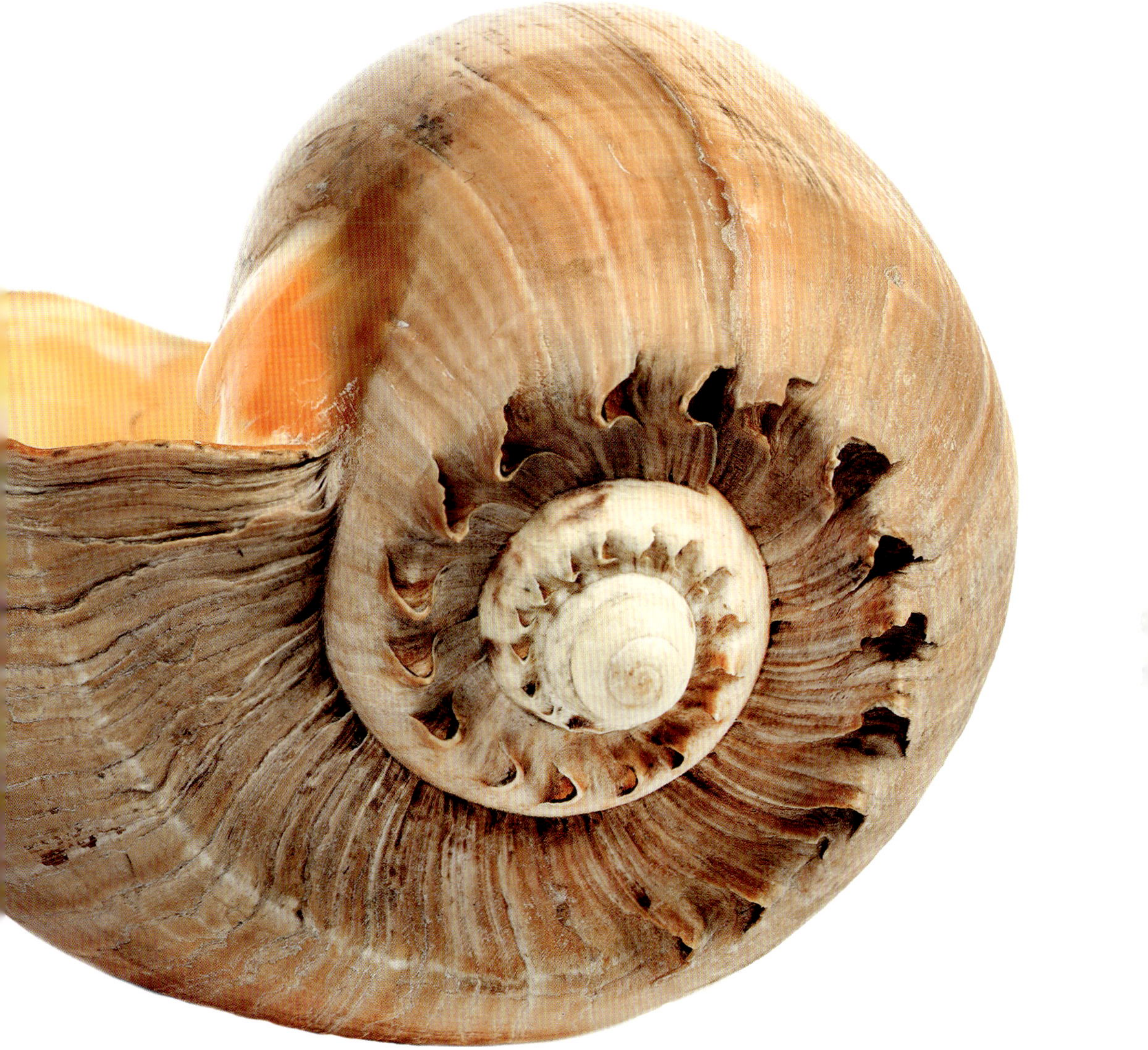

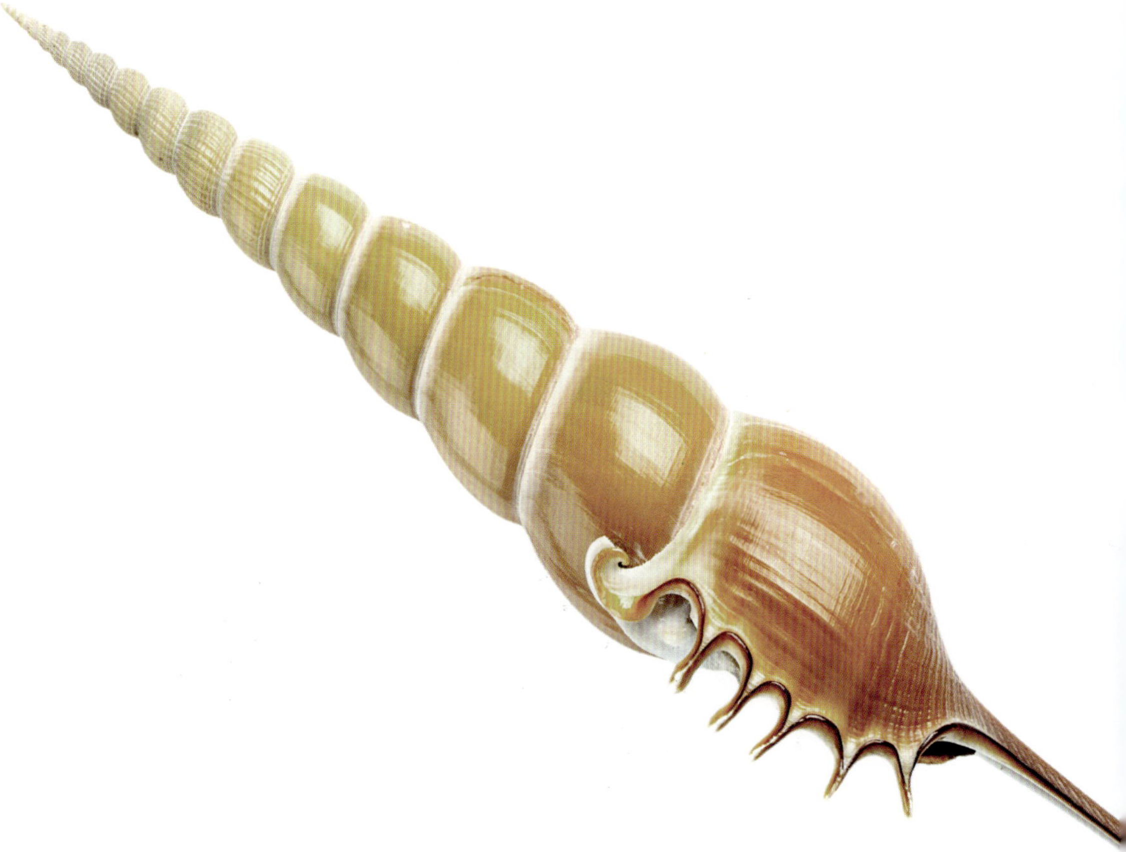

长鼻螺

Tibia fusus

有些腹足类软体动物的外壳上有一个被称为虹吸管的细长管状结构，这是由外套膜组织延伸形成的。海水通过虹吸管进入外套腔，动物借此完成进食、呼吸、繁殖乃至推动身体前进等活动。对于生活在海洋中的腹足类软体动物来说，虹吸管最主要的功能是呼吸。海水由虹吸管进入外套腔，然后在流经鳃部时，海水中溶解的氧气会被分离并吸收。而直接呼吸空气的海螺会将虹吸管伸出海面当作通气管使用，出于这个需要，有很多海螺演化出了很长的虹吸管。为了容纳和保护虹吸管中的软组织，海螺在演化过程中逐渐改变了螺壳的结构，这种改变后的结构被称为虹吸道。图中的长鼻螺的螺壳形似细长的纺梭，其虹吸道也是所有腹足类软体动物中最长的。长鼻螺主要生活在深海的泥地上，以海藻为食。

分布

日本至印度尼西亚

尺寸

25 厘米

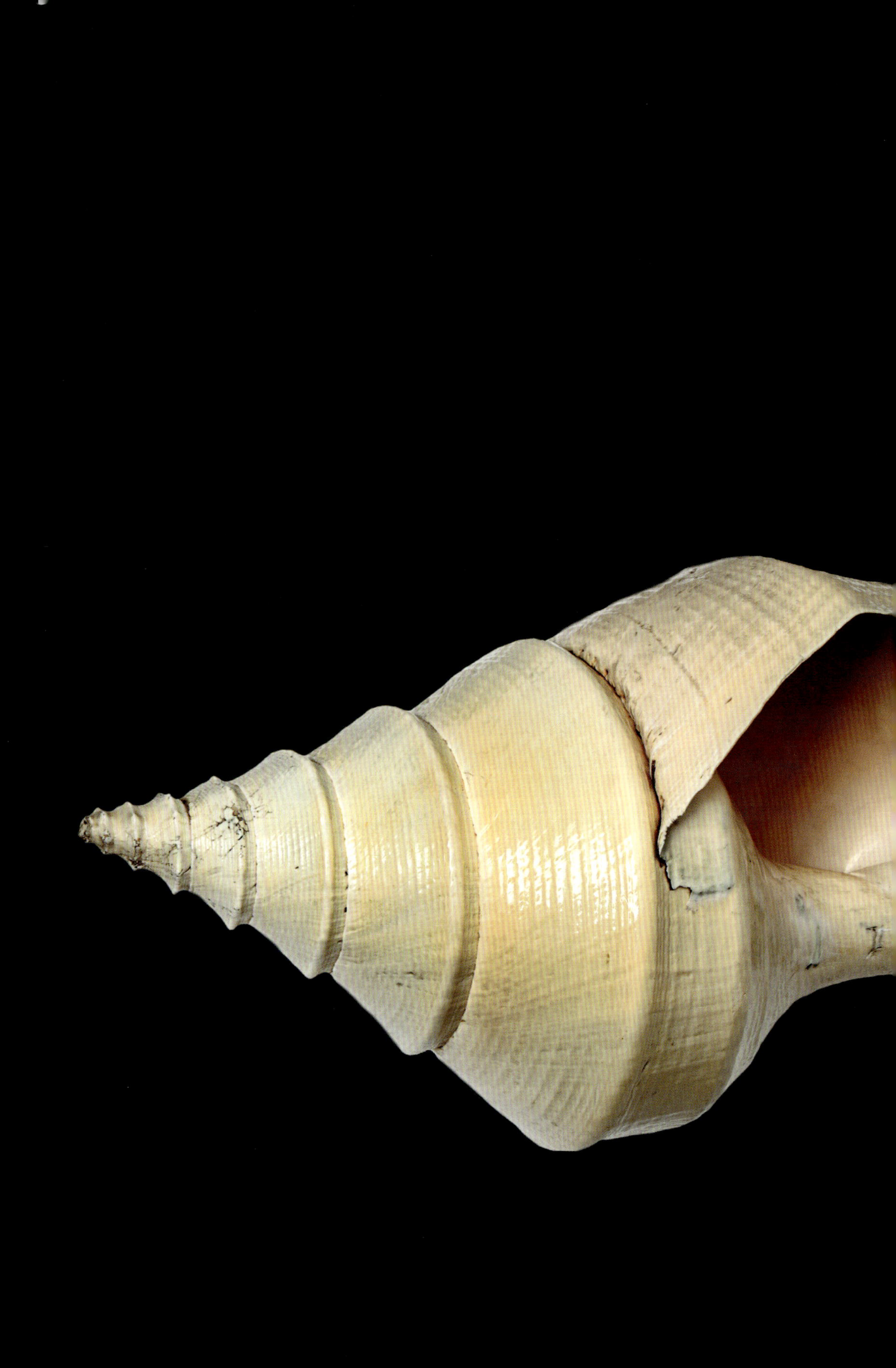

澳洲圣螺

Syrinx aruanus

澳洲圣螺是现存的腹足类软体动物中最大、最重的海洋螺类,体长可达 91 厘米,体重可达 18 千克。澳洲圣螺生活在泥质海床上,在 40 米深的海底仍然可以发现它们的身影,它们是很活跃的肉食性动物,以大型的多毛虫(沙蚕)等为食。人们会采集这种螺类食用,其较大的螺壳也是收藏家竞相追逐的对象,它们会被明码标价作为装饰品出售。因为存在这些需求,所以在容易被捕捞的区域,澳洲圣螺的种群数量明显下降,进而引发了人们对其生存状态的担忧。它们的螺壳也会被当作盛水的器具,或是做成喇叭吹奏。

分布
北澳大利亚、巴布亚新几内亚

尺寸
60 厘米

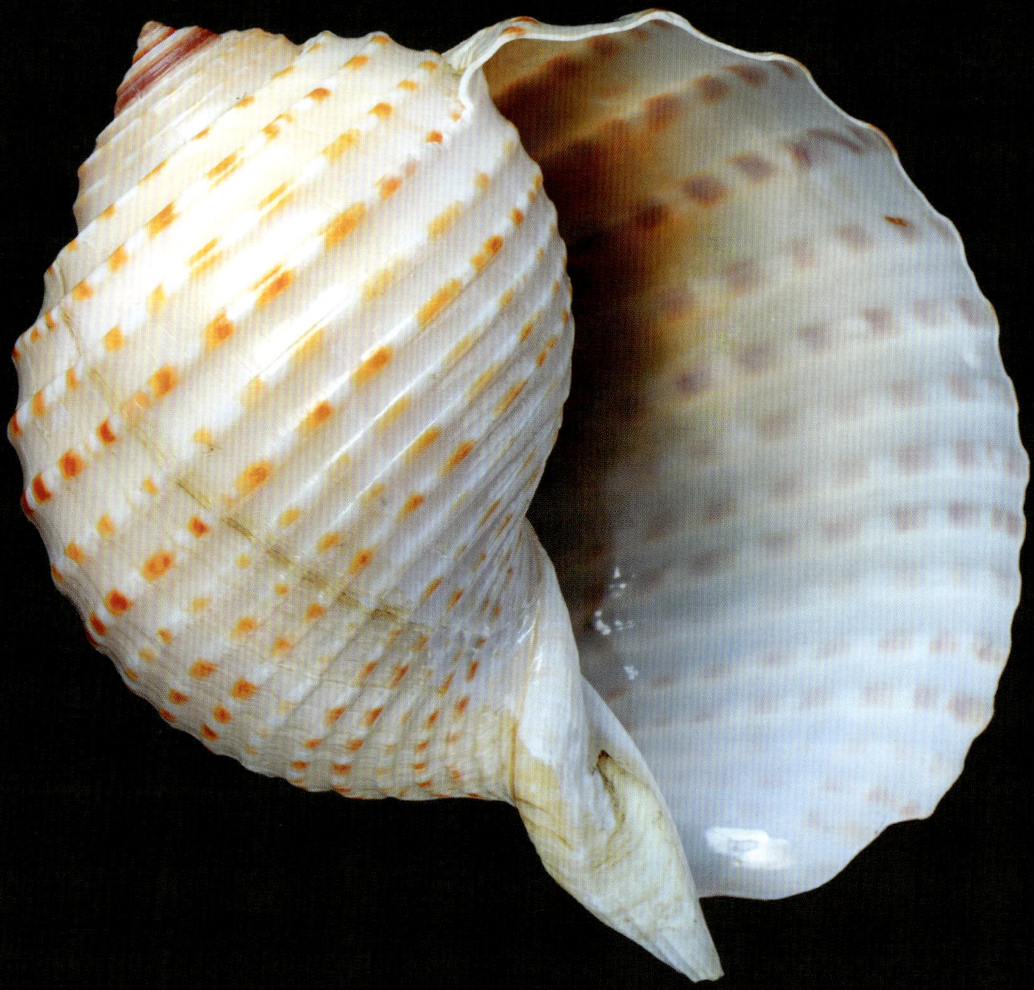

花点鹑螺

Tonna dolium

鹑螺科海螺现存约 30 种，其壳质很薄，体层膨大，开口宽阔，主要生活在热带和温带海域的大陆架和大陆坡上。它们通常栖息在大约 10 米深的海底的沙地上，是夜行性食肉动物，主要食物是海参。捕食时，鹑螺会分泌出含有硫酸的唾液，将猎物麻痹，然后将猎物完全吞下。其膨胀的螺壳壳体和宽阔的开口正是为了消化个体较大的猎物而准备的。

分布
印度洋 – 太平洋海域

尺寸
8.0 厘米

河川蜷
Io fluvialis

美国软体动物学会（American Malacological Society）的前身是创立于 1931 年的美国软体动物联合会（American Malacological Union），主要创立人是美国新英格兰地区博物学爱好者诺曼·W. 勒蒙德（Norman W. Lermond，1861—1944）。它是目前美国软体动物研究领域仍在正常开展活动的最古老的协会之一，其首次会议于 1931 年 4 月 30 日在费城自然科学学院召开，共有来自全美 12 个州的 29 名代表。第一任主席是亨利·A. 皮尔斯里（Henry A. Pilsbry，1862—1957），时任协会贝壳馆的馆长。自 1960 年以来，该协会的标志一直是河川蜷，这是一种生活在田纳西河及其较大支流中的淡水螺类（如图）。这种河螺生活在水流良好的岩石沟壑中，以覆盖在岩石上的藻类为食，但由于田纳西河的水量和水质均有所下降，这种栖息地环境的改变已经给它们的生存带来威胁。

分布
田纳西河及其较大支流
尺寸
5.0 厘米

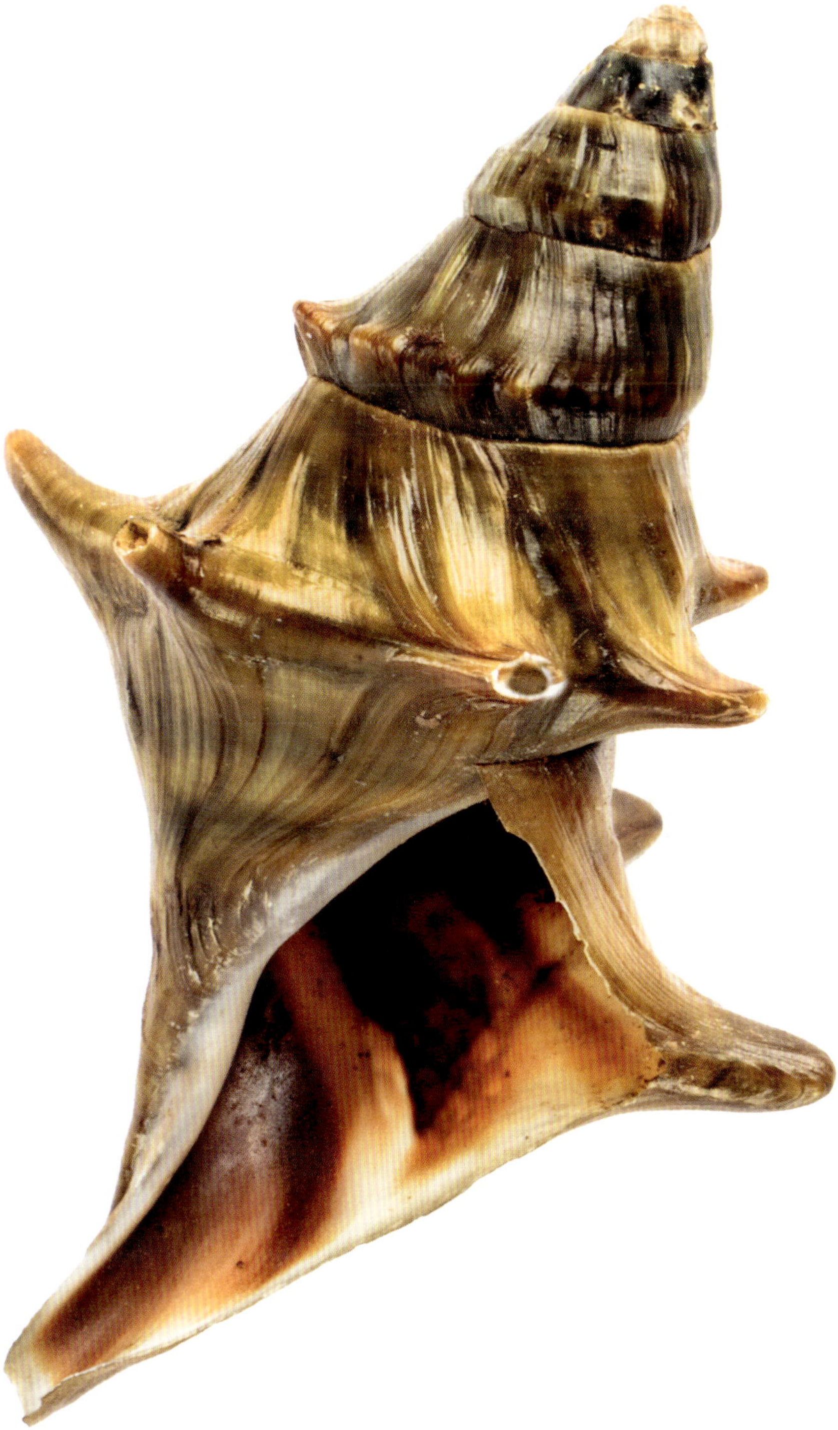

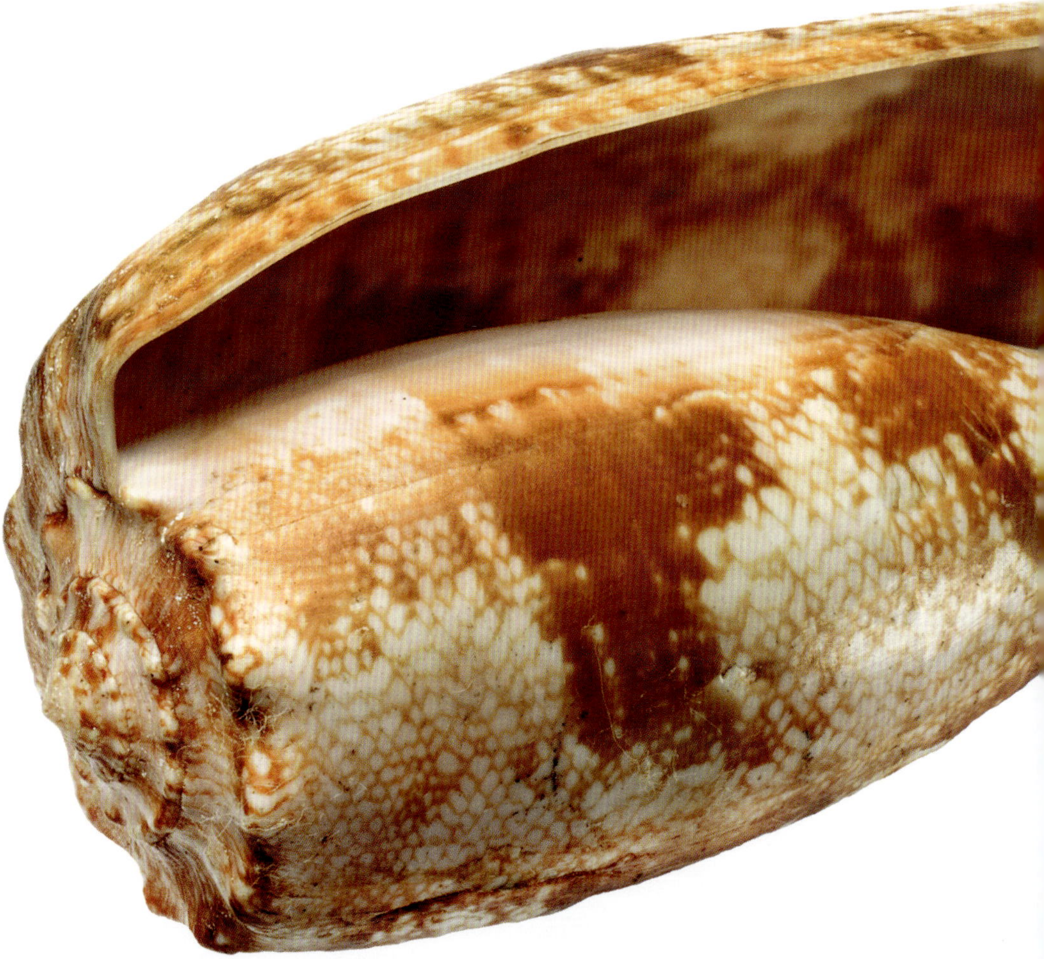

杀手芋螺

Conus geographus

芋螺的移动速度很慢，但这并不妨碍它们猎食，因为它们演化出了特殊的捕猎技巧——向猎物发射鱼叉状的齿舌，令猎物瞬间瘫痪。杀手芋螺的齿舌能向猎物注入芋螺毒素，这种毒素甚至可以致人死亡，因此杀手芋螺也被视作世界上最致命的动物之一。杀手芋螺毒素致人死亡概率极低，300年来发生在美国的类似事件只有大约30起。医学界并没有针对芋螺毒素研发抗毒血清，因此一旦发生芋螺蜇人事件，医生们唯一能做的就是当毒素在患者体内慢慢分解的同时，做好对伤者的辅助治疗，尽量让患者活下去。不过研究显示，芋螺毒素在药物研发方面可能有巨大的潜力，因为其某种成分的效用比吗啡要强上万倍。

分布

印度洋–太平洋海域

尺寸

9厘米

蝎螺

Lambis scorpius

蝎螺是一种海洋螺类,仅栖息于印度洋至太平洋的热带和亚热带海区。其成年螺的螺壳外唇有又粗又长略弯曲的管状长棘,但是幼螺没有这些特征,看起来完全不同。蝎螺是很活跃的植食性动物,主要栖息在浅海区的珊瑚礁旁。其雌雄个体在大小、形状和棘刺长度上都差异很大,有些蝎螺物种的雄性个体尺寸比雌性小百分之四十以上。这种同一物种内雌雄个体的差异被称为性别二态性。蝎螺的棘刺在海螺中算是比较长的,其壳口呈现亮丽的紫色,排列着许多白色的条纹。

分布
印度洋－太平洋海域

尺寸
7厘米

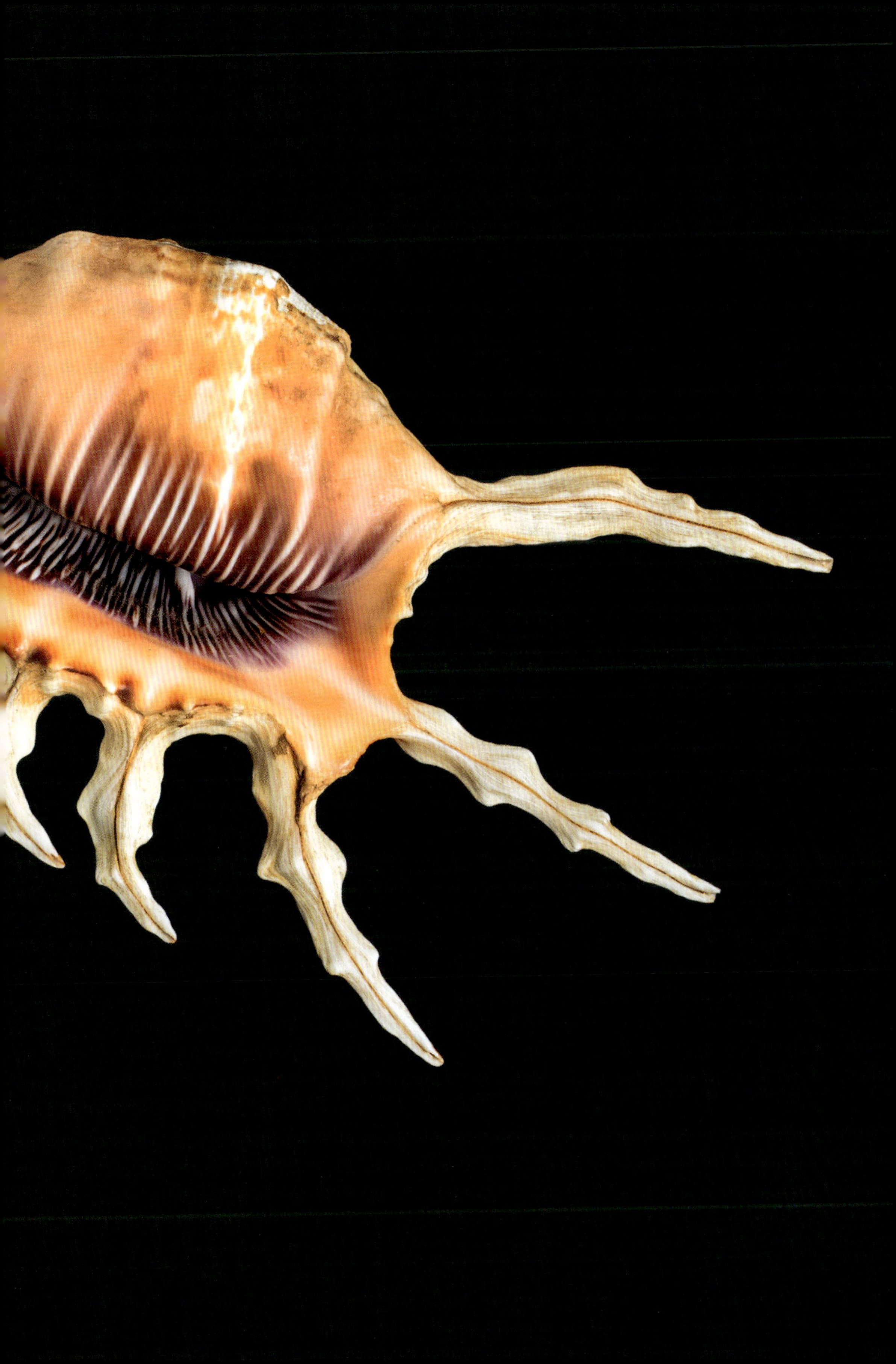

帝王棘冠螺

Angaria melanacantha

Conchologia iconica，也即《软体动物贝壳插图》（*Illustrations of the Shells of Molluscous Animals*），是贝壳学历史上最伟大的著作之一。该书由洛维尔·奥古斯都·里夫（Lovell Augustus Reeve，1814—1865）于1843年1月开始编纂，1878年最终完成，共20卷，包含281篇专题论文和约2.7万幅与真实贝壳同等尺寸的插图。在里夫去世之后，英国插画家兼贝壳学家乔治·布雷廷厄姆·索尔比二世（George Brettingham Sowerby II，1812—1884）接替他完成了这项工作。索尔比绘制了整套书籍中的几乎所有插图，并完成了所有的印版制作。里夫的目标是要把所有种类的贝壳都进行描述并记录下来，无论之前是否已经被描述过。图中的这种帝王棘冠螺是他在第一卷中描述的一种海螺。帝王棘冠螺有明显的黑色鳞片状棘刺，顶部向内弯曲，它们生活在珊瑚礁附近的深水中，是植食性动物，以藻类为食。

分布

菲律宾

尺寸

4厘米

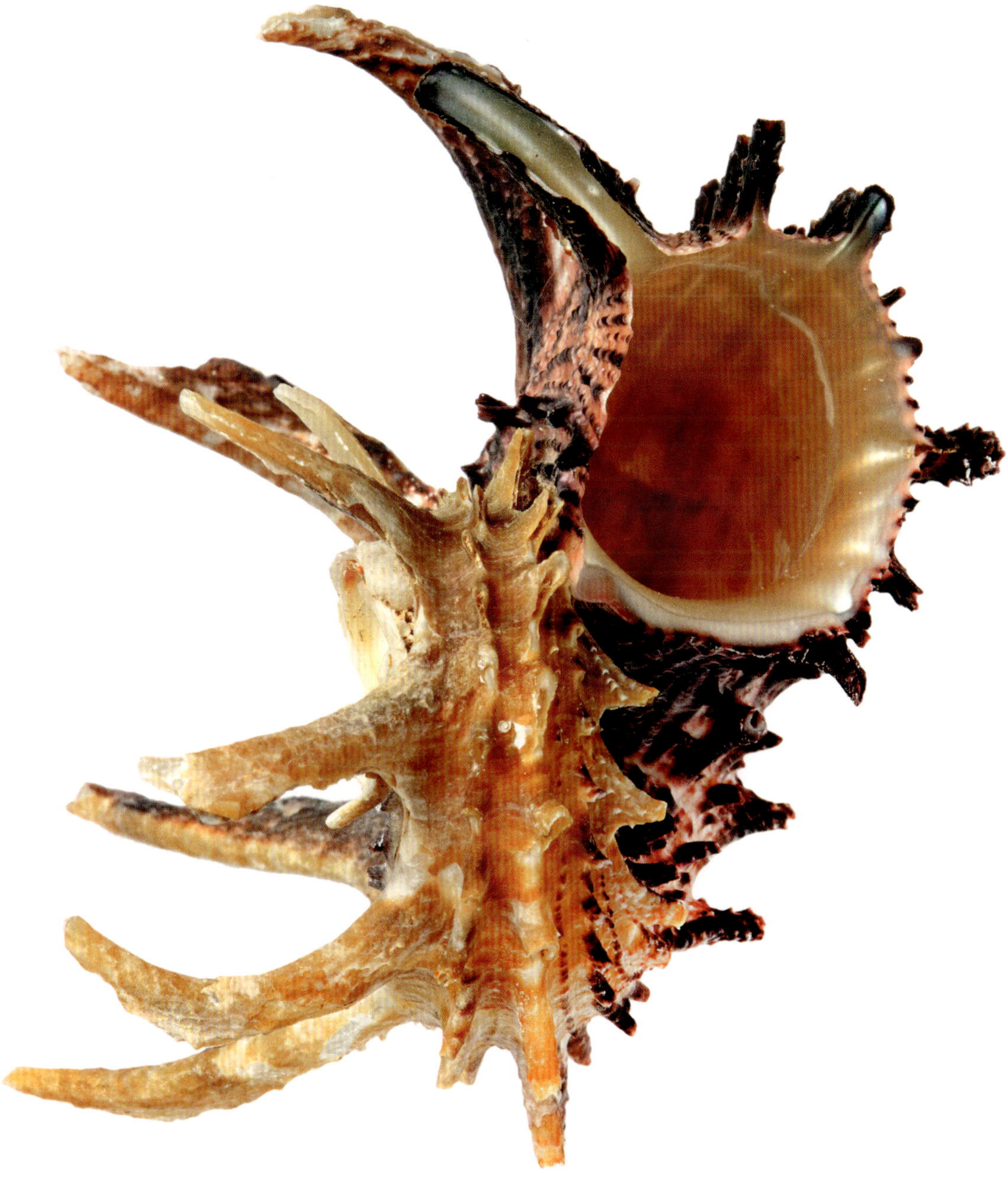

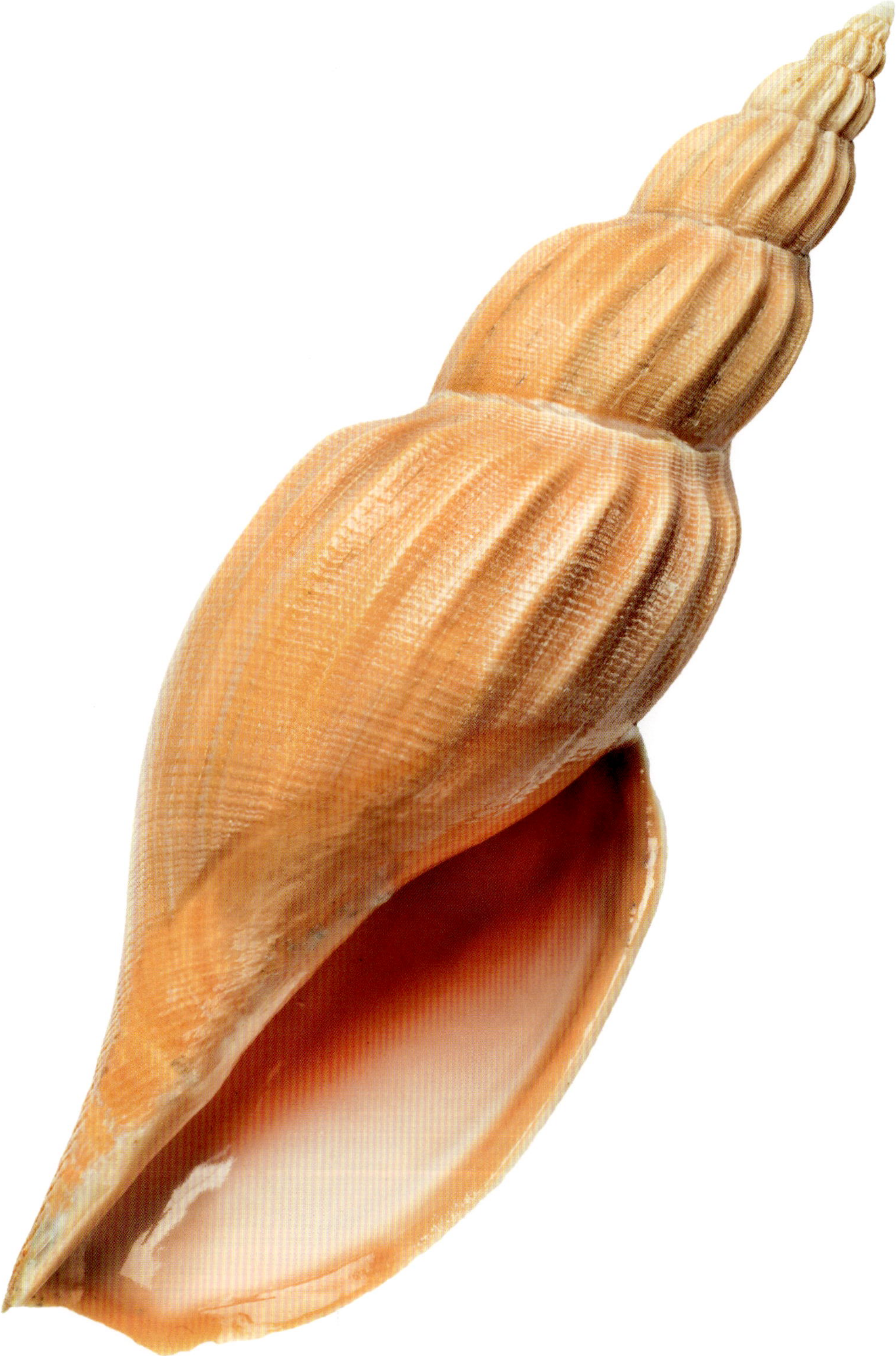

平濑氏涡螺

Fulgoraria hirasei

平濑洋一郎（Yoichiro Hirase，1859—1925）是一位日本软体动物学家和贝壳收藏家，他为日本软体动物学的发展做出了一定的贡献。他组织了多次实地考察，与世界各地的科学家合作发现并命名了许多新物种。他收集了日本最多的贝壳收藏品，并于1913年至1919年在京都建立了自己的贝壳博物馆。他最著名的书是《千壳图》(*Kai Chigusa*)，英文译名为：*The Illustrations of a Thousand Shells*。该书于1914年至1922年出版，共四卷，含400余幅插图，采用传统的褶子式装订（纸张为长条形，单面书写印刷，然后褶子式折叠）。为了纪念平濑洋一郎的贡献，图中的这种日本特有的美丽海螺被命名为平濑氏涡螺。

分布

日本

尺寸

12.5 厘米

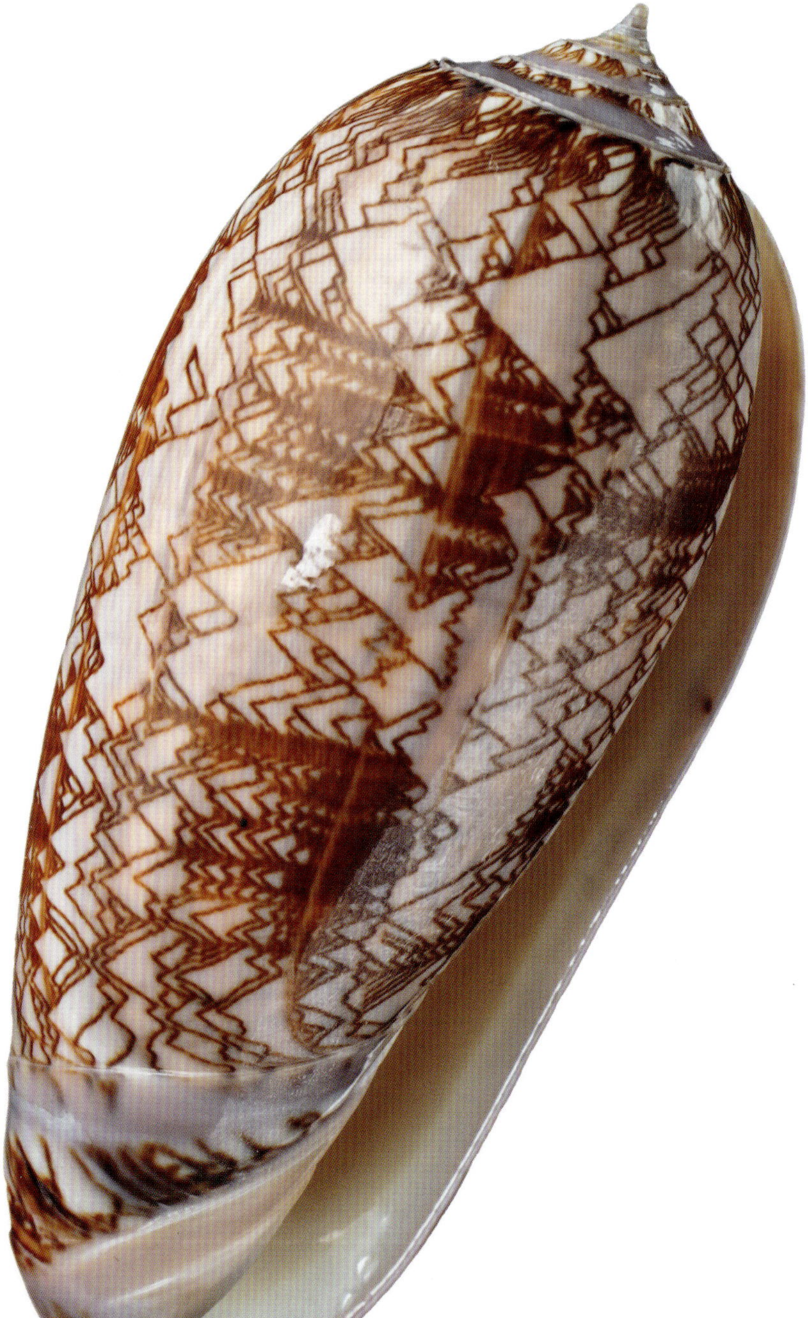

风景榧螺

Oliva porphyria

榧螺的外壳光滑、坚硬、色彩多样、图案各异，一直受到贝壳爱好者的青睐。榧螺种群数量较大，主要生活在热带和亚热带温暖海域的沙地里，群居。它们是很活跃的肉食性动物，以小型的贻贝、其他的腹足类、蟹类及腐肉等为食。风景榧螺是榧螺科中最大的，其螺壳上的图案常常让人想起帐篷营地的美丽风景[1]。

分布

加州湾至巴拿马地区

尺寸

11 厘米

---

[1] 风景榧螺英文名 Tent olive，其中 Tent 的意思是"帐篷"，因其螺壳上的图案形似大大小小的帐篷。中文译名"风景"，想必是从另一个角度将其看作群山的缘故，译者注。

深沟凤螺

Babylonia spirata

　　这种美丽的海螺具有很高的辨识度，其螺壳为白色，上面有大片橙色的斑块，壳体光滑，像打磨过一样。其螺肩与下方角度近乎垂直，螺肋处呈沟状，整个阶梯状的螺塔看起来如同圣经中描绘的巴别塔，这也是其属名的由来[①]。深沟凤螺是食腐动物，主要以死鱼为食，通常生活在浅水区和潮线下水域的泥沙海底，偶尔在深水区也有发现。在亚洲地区，有几种凤螺是餐桌上的美食，人们将死鱼放在竹篮里诱捕它们。除了食用螺肉，人们还会将深沟凤螺的螺壳作为纪念品售卖，真正做到了物尽其用。

分布
印度洋
尺寸
6.5 厘米

[①] 属名 Babylonia，意为古巴比伦，译者注。

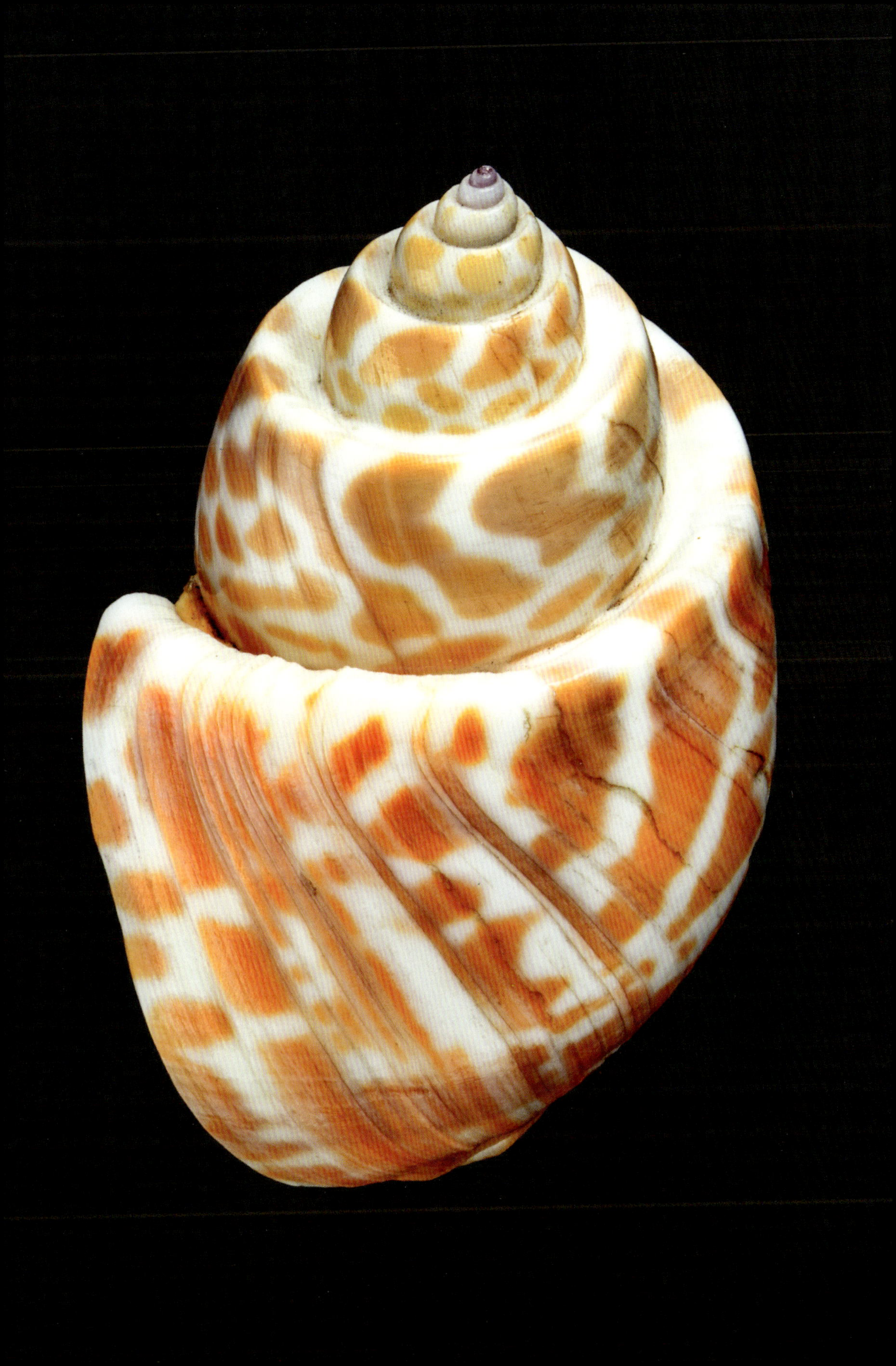

北黄玉黍螺
Littorina obtusata

　　岩石海岸边的动物的生活会受到各种挑战性因素的影响，如干燥的气候、汹涌的波浪、突然而至的暴雨和极端的温度等。尽管如此，在潮涨潮落的地方还是会看到种群多样、生机勃勃的软体动物。玉黍螺就是其中具有代表性的海螺物种之一，它们以海藻为食，经常一大群聚集在一起。它们的螺壳厚而光滑，颜色丰富，从白色、黄色、紫色到绿色和棕色都有。它们藏在海草下方，或是岩石的孔洞和裂隙中，甚至在废弃的藤壶壳中也能发现它们的身影。北黄玉黍螺是一种很常见的海螺，经常藏身于墨角藻等较大的海藻下方，这样北黄玉黍螺可以在潮水退去的时候躲避阳光并仍然能够获得足够的水分。

分布

从加拿大的拉布拉多南部到美国新泽西州，以及从挪威到地中海地区

尺寸

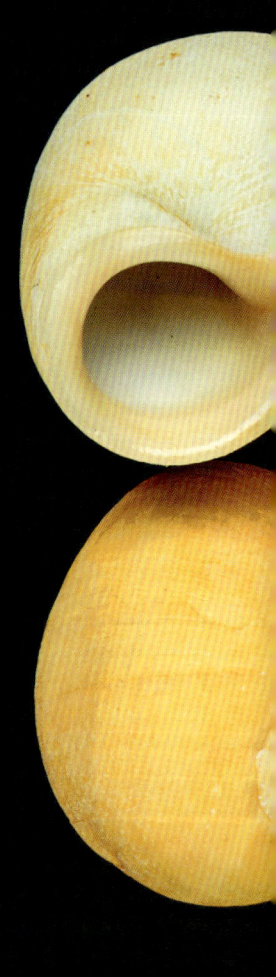

1.5 厘米

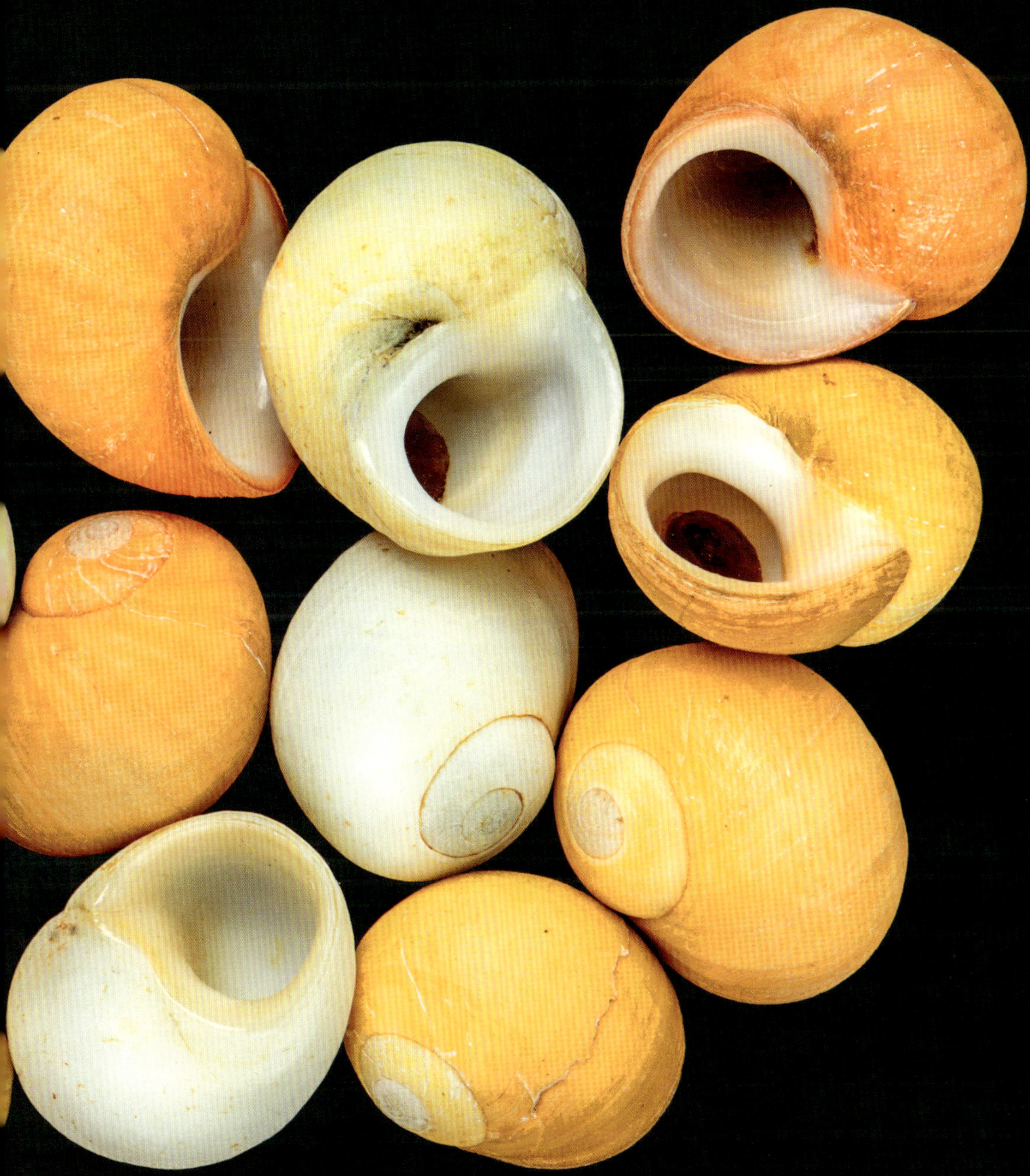

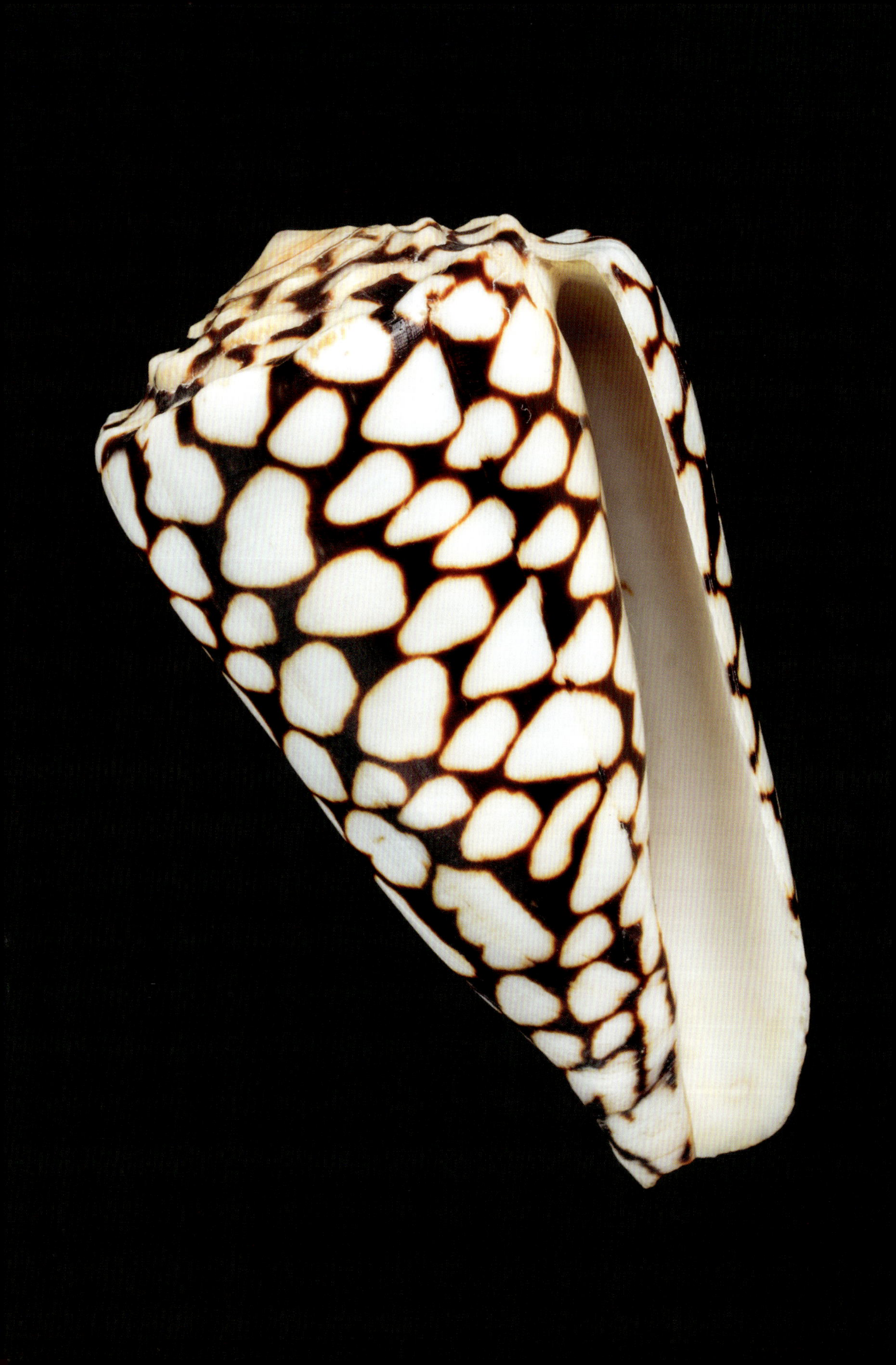

大理石芋螺
Conus marmoreus

荷兰著名画家伦勃朗·范·里恩（Rembrandt van Rijn，1606—1669）在其 1650 年的画作《贝壳》（*The Shell*）中绘制了大理石芋螺，比卡尔·林奈的描述早了一百年。那幅蚀刻画是伦勃朗根据自己众多收藏品中的一个螺壳制作的，其尺寸、形状和图案都和原始的螺壳一样。但是，他把螺旋画反了，其画中的螺壳是左旋的，也就是逆时针旋转的，而自然界中只有右旋的大理石芋螺，不存在左旋的个体。

分布
印度洋 – 太平洋海域
尺寸
8 厘米

金字塔罩螺
Clio pyramidata

  图中的这个看起来很易碎的半透明小贝壳属于软体动物中的一种翼足类浮游动物——金字塔罩螺。这种小型的螺类数量巨大，它们是海洋浮游生物的一部分，是大大小小很多海洋生物的食物来源。金字塔罩螺也被叫作"海蝴蝶"，因为其足部有两片很大的翼状延展，能够像蝴蝶翅膀一样拍打。由于金字塔罩螺的螺壳非常脆弱，极易受到海水中二氧化碳含量上升的影响，因此它们也被列为生物指示物，用于海洋酸化情况的监测。海洋酸化是指海洋吸收了人类燃烧化石燃料而向大气中排放的过量二氧化碳，使海水逐渐变酸的现象。当海水酸碱度达到某个阈值，一些螺类的外壳就会被溶解，而一旦失去了外壳的保护，这些腹足类软体动物也就无法继续生存下去。

分布
全球远海

尺寸
1 厘米

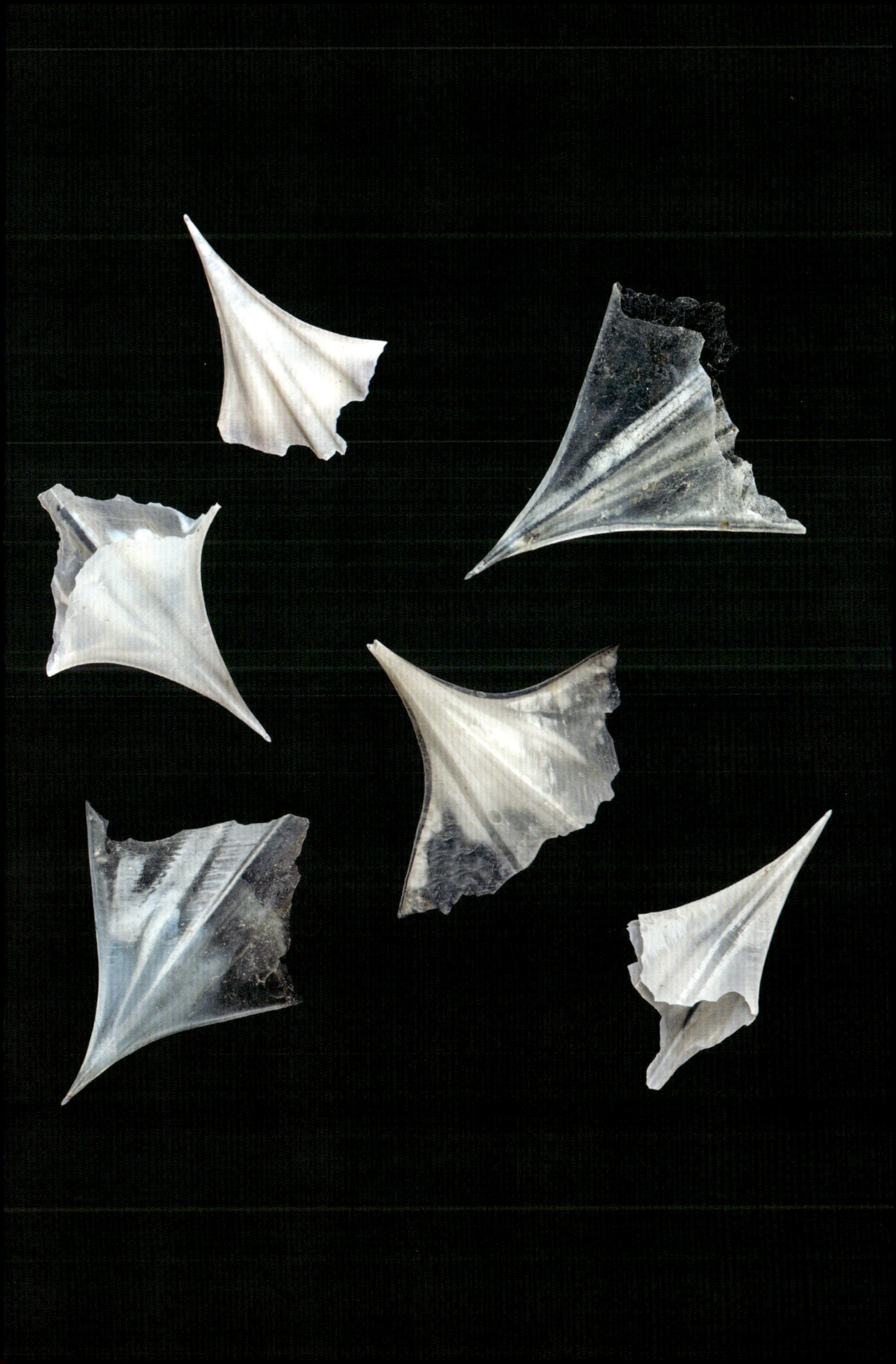

栉棘骨螺（维纳斯骨螺）
Murex pecten

维纳斯骨螺的螺壳是软体动物贝壳中最精美的之一。其壳体上可以均匀分布超过 100 根纤细如针的棘刺，这些棘刺是由骨螺外套膜分泌出的碳酸钙形成的。而更令人惊讶的是，这些棘刺还能够被外套膜重新吸收，这样维纳斯骨螺自身生长、壳体持续变大的时候就不会受到原有棘刺的阻碍。这些棘刺有什么作用目前还没完全弄明白，但是有几种较为合理的猜测，比如像笼子一样困住可以移动的猎物，或者是让海螺保持稳定的姿态，免于翻滚或是陷入泥沙之中，甚至可能是用于抵挡觅食者的防御手段。

分布
印度洋 – 太平洋海域
尺寸
12 厘米

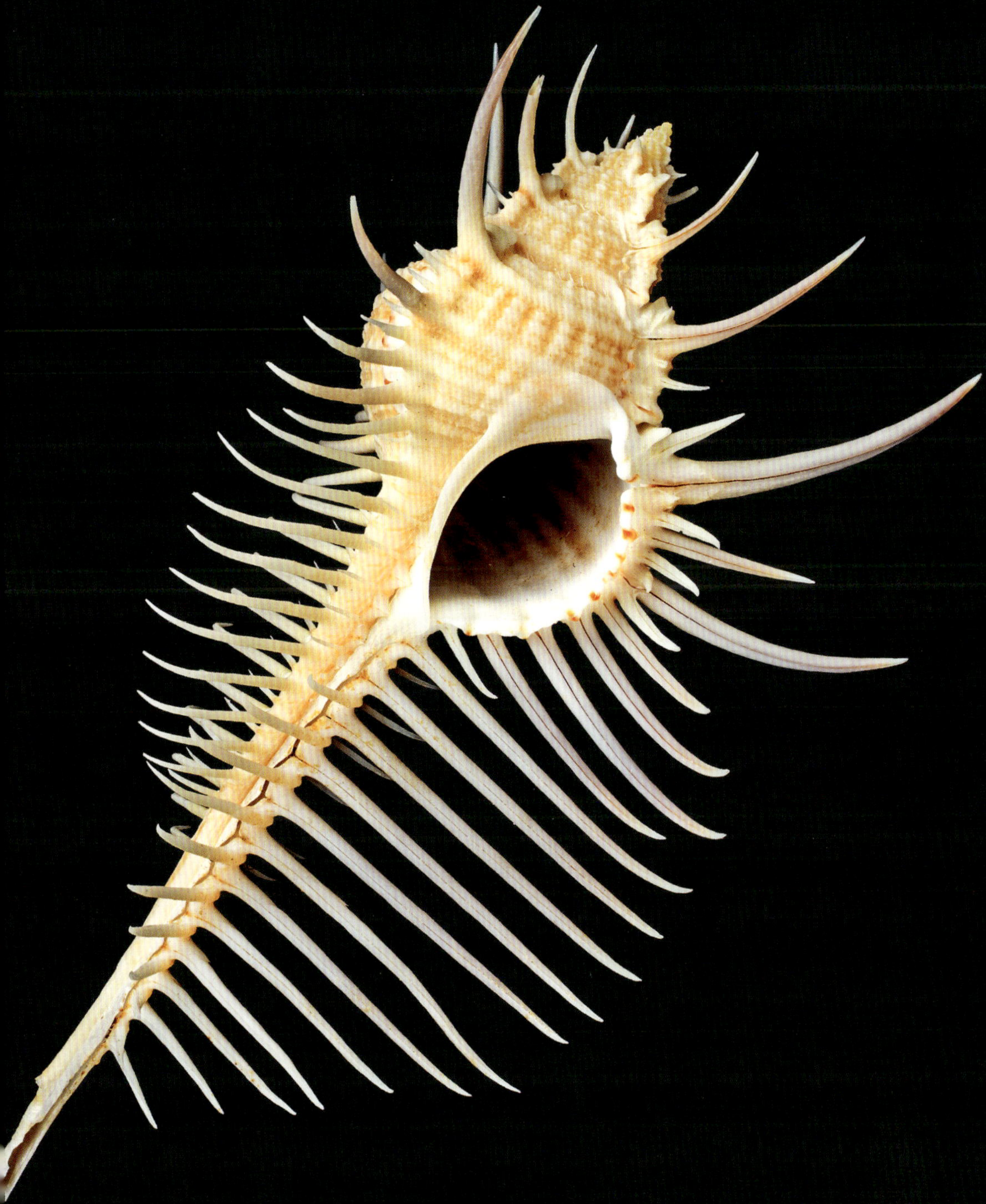

金疙瘩帕迪螺

Jenneria pustulata

这种奇特的海螺在体形上与一种名为"真宝螺"（true cowry）的软体动物非常相似，唯一区别在于真宝螺的外壳非常光滑，而金疙瘩帕迪螺的外壳上布满了橙黄色的疙瘩状小瘤（因此得名），瘤底部一圈为黑色，螺壳底部有多条螺脊。金疙瘩帕迪螺以珊瑚为食，其螺壳和外套膜的颜色、纹理能够使其与所栖息的岩石融为一体。

分布

南加利福尼亚至巴拿马

尺寸

2 厘米

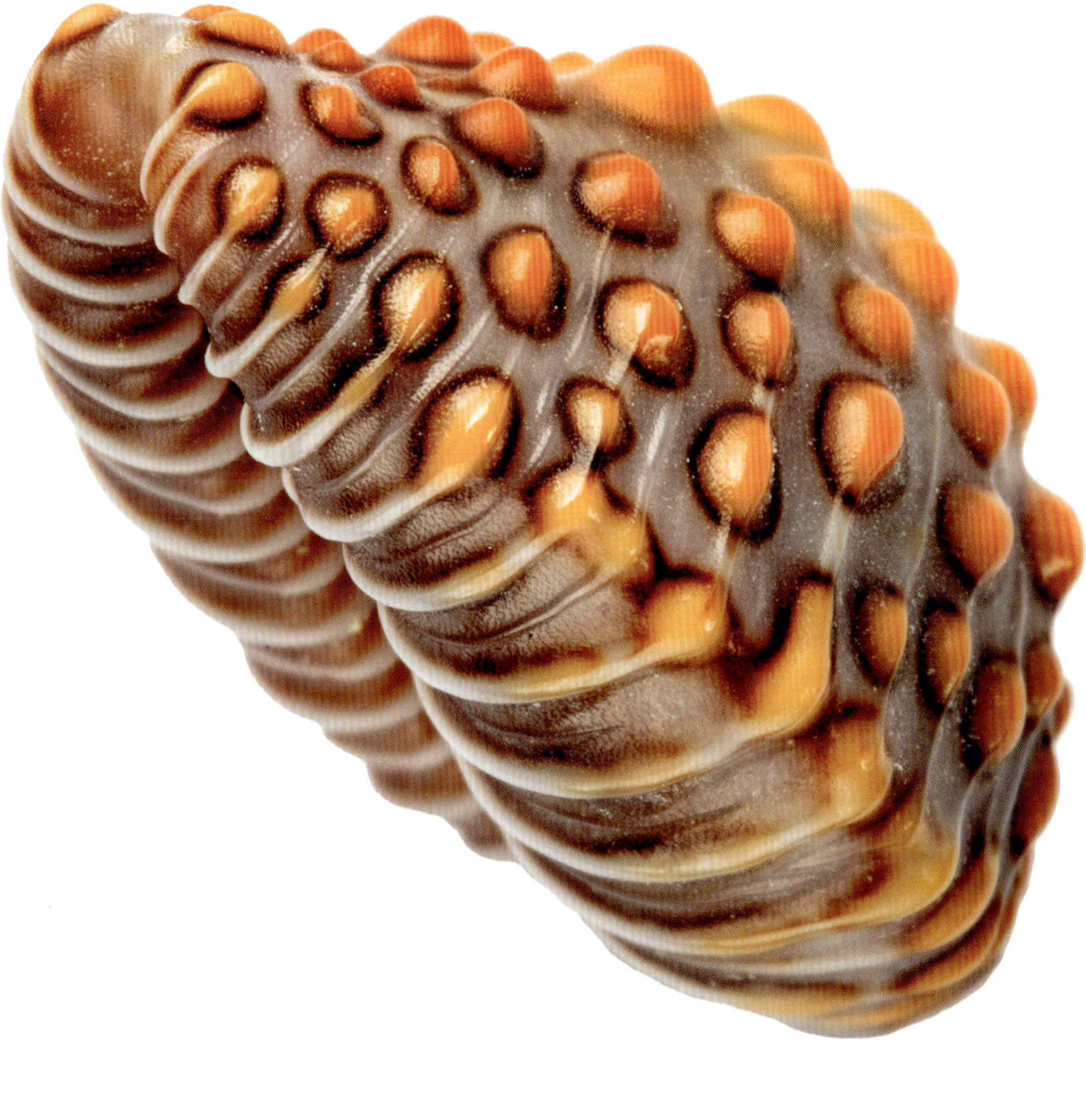

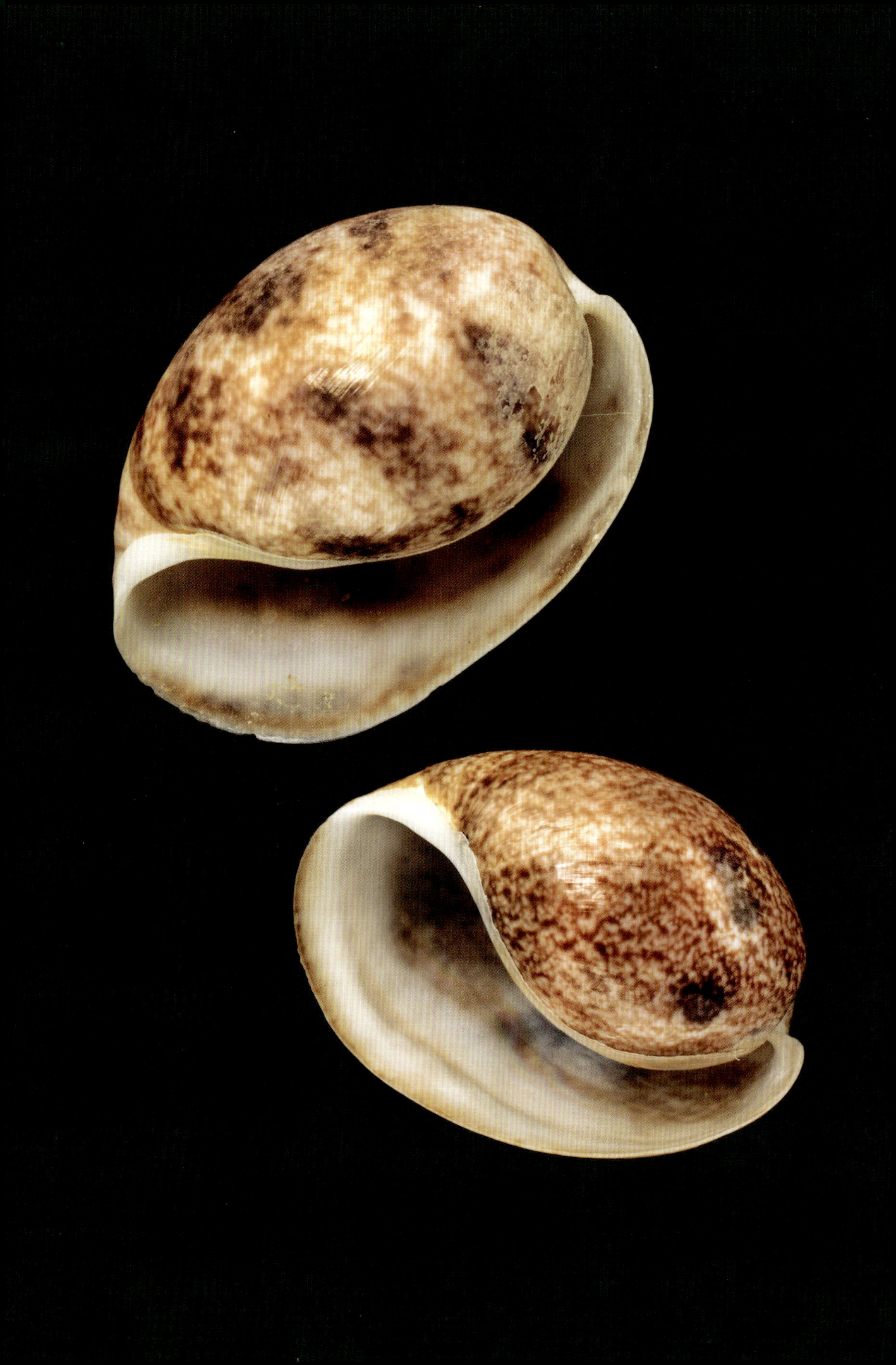

阿拉伯枣螺
Bulla arabica

枣螺，顾名思义，其螺壳看起来像是一个大枣，海螺可以把自己的身体全部缩进去躲藏[1]。这种海螺在世界各地都有分布，它们经常生活在港湾或是潟湖里，会钻到海草附近的泥地或沙地中。它们是夜行性食草动物，主要吃小型的海藻等植物。枣螺属于腹足类下一个很大的属，这个属中还包括独木舟形状的贝壳、各种颜色的海蛞蝓和海兔等。图中的这种阿拉伯枣螺的螺壳较大，比较厚实，上面有棕色斑纹，只生活在红海和阿拉伯半岛海域。

分布
红海及阿拉伯半岛

尺寸
3 厘米

---

[1] 其英文名称 Bubble 的意思是"泡泡"，译者注。

尤族笠螺

Patella ulyssiponensis

　　笠螺分布广泛，在全球的热带到极地的海洋中都可见到它们的身影。笠螺的外壳就是简简单单的一个锥形，没有任何螺旋，这一点与其他大部分腹足类软体动物的外壳明显不同。锥形外壳有很多好处，除了能够有效抵御海浪外，还能在退潮时能借助腹足的力量紧紧吸附在岩石上避免身体脱水。在潮水处于高位的时候，笠螺就会出来游走，它们用齿舌刮下岩石表面的海藻并吞食。有很多笠螺会在居住的岩石表面留下一个与自己外壳大小完全一致的浅坑，因为虽然它们需要到其他地方觅食，但是每次退潮时都会回到这个同样的地方，笠螺的这个习性被称为"返家"现象。据估计，笠螺在行走时，通过腹足分泌出的黏液中含有某种信息素，循着这些信息素，每次它们都能准确找到回家的路。

分布
不列颠群岛至地中海

尺寸
4 厘米

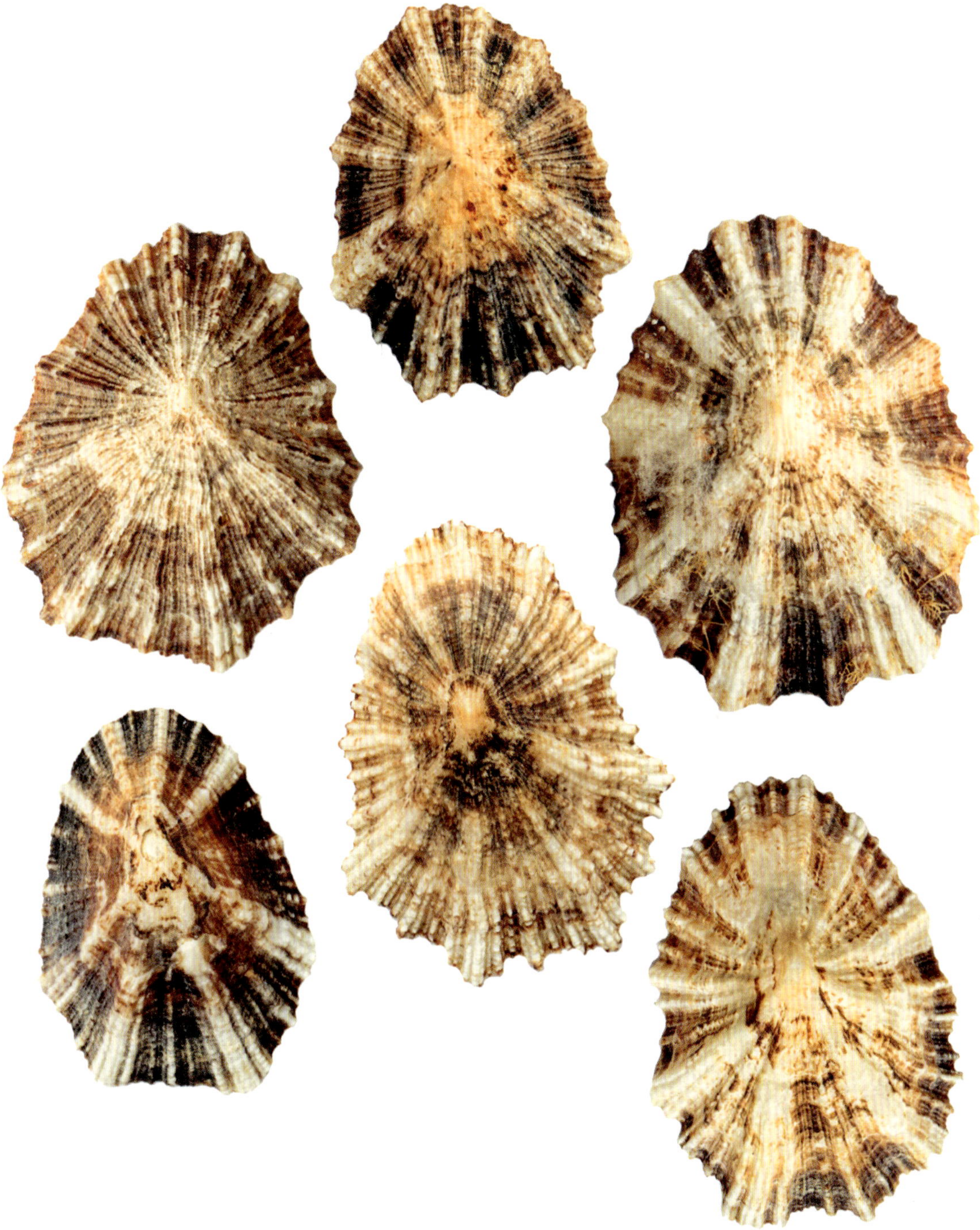

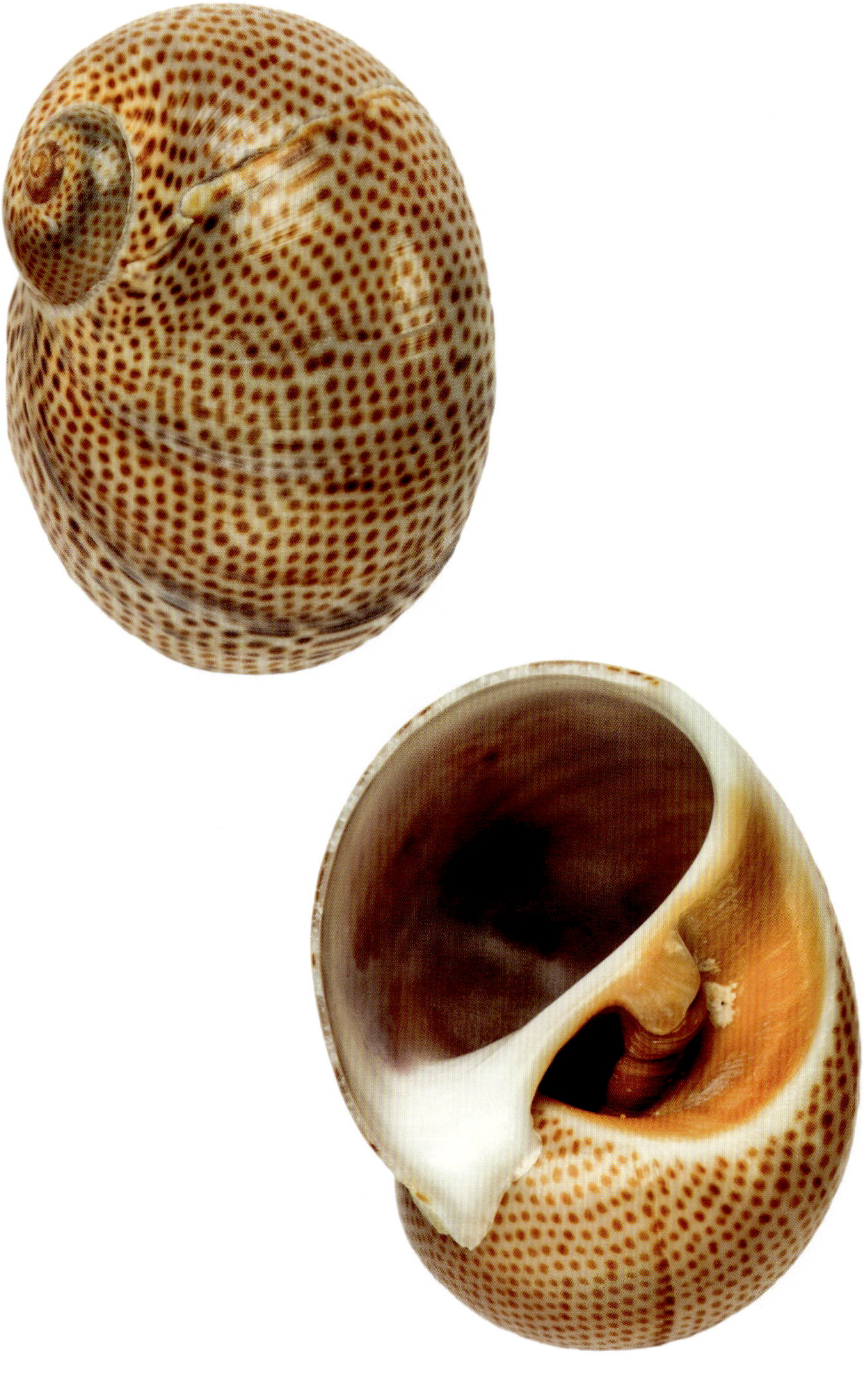

雀斑玉螺

Naticarius stercusmuscarum

　　玉螺科成员有好几百种，在腹足类中属于种群数量最为多样的之一，而且分布极为广泛，从南极到北极，从潮间带到深海的各个海洋角落都能发现。玉螺是肉食性螺类，主要以隐藏在泥沙中的双壳类为食。玉螺有一个大到与自己的螺壳不成比例的腹足，它们会用腹足将猎物完全包裹住，然后用齿舌在猎物的壳上钻一个圆形孔洞，经由这个洞口吃掉猎物。玉螺之所以能够在猎物的壳上钻孔，是因为其齿舌上有一个特殊的器官，能够分泌出一种可以使猎物外壳软化的化学物质。不过，玉螺的捕猎也不是百发百中，因为在其平常捕食的贝类的外壳上，人们偶尔也会看到未完全钻通的孔，说明这是个曾经逃过一劫的幸运儿。

分布

地中海、西北非地区

尺寸

3 厘米

望远镜海蜷

Telescopium telescopium

　　望远镜海蜷生活在红树林沼泽中柔软的泥地上，以有机残渣为食。它是一种大型泥螺，螺壳较厚，能够保护其免受捕食者的侵袭。此外，望远镜海蜷是两栖动物，适应陆地和海里的生活，在离开水的情况下，它们可以进入一种不活跃的状态，从而继续生存很长一段时间。在微生境中，它们也会与其他种类的海螺聚集在一起。生活习性与潮汐同步非常重要，因为温度变化过大会导致个体大量死亡。红树林沼泽是热带和亚热带地区的沿海湿地，生长着各种耐盐的乔木、灌木和其他植物。这种生态系统是包括螺类在内的许多动物的家园，为它们提供生存所需的基质、庇护和食物。

分布
印度洋至西太平洋
尺寸
12 厘米

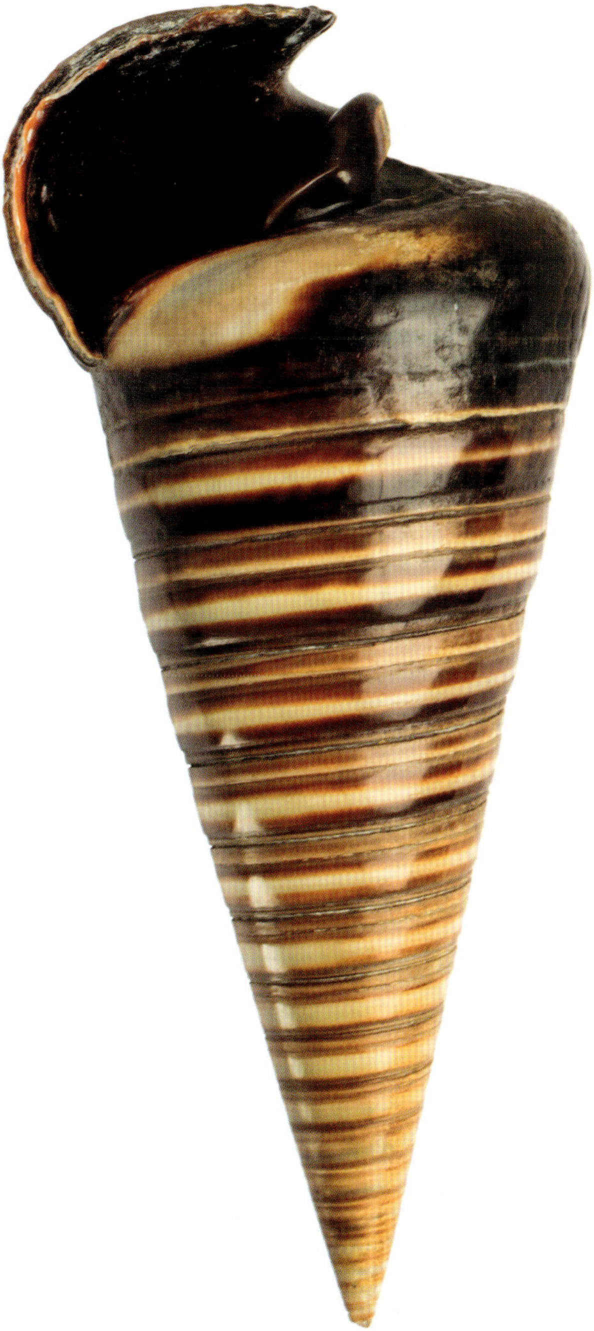

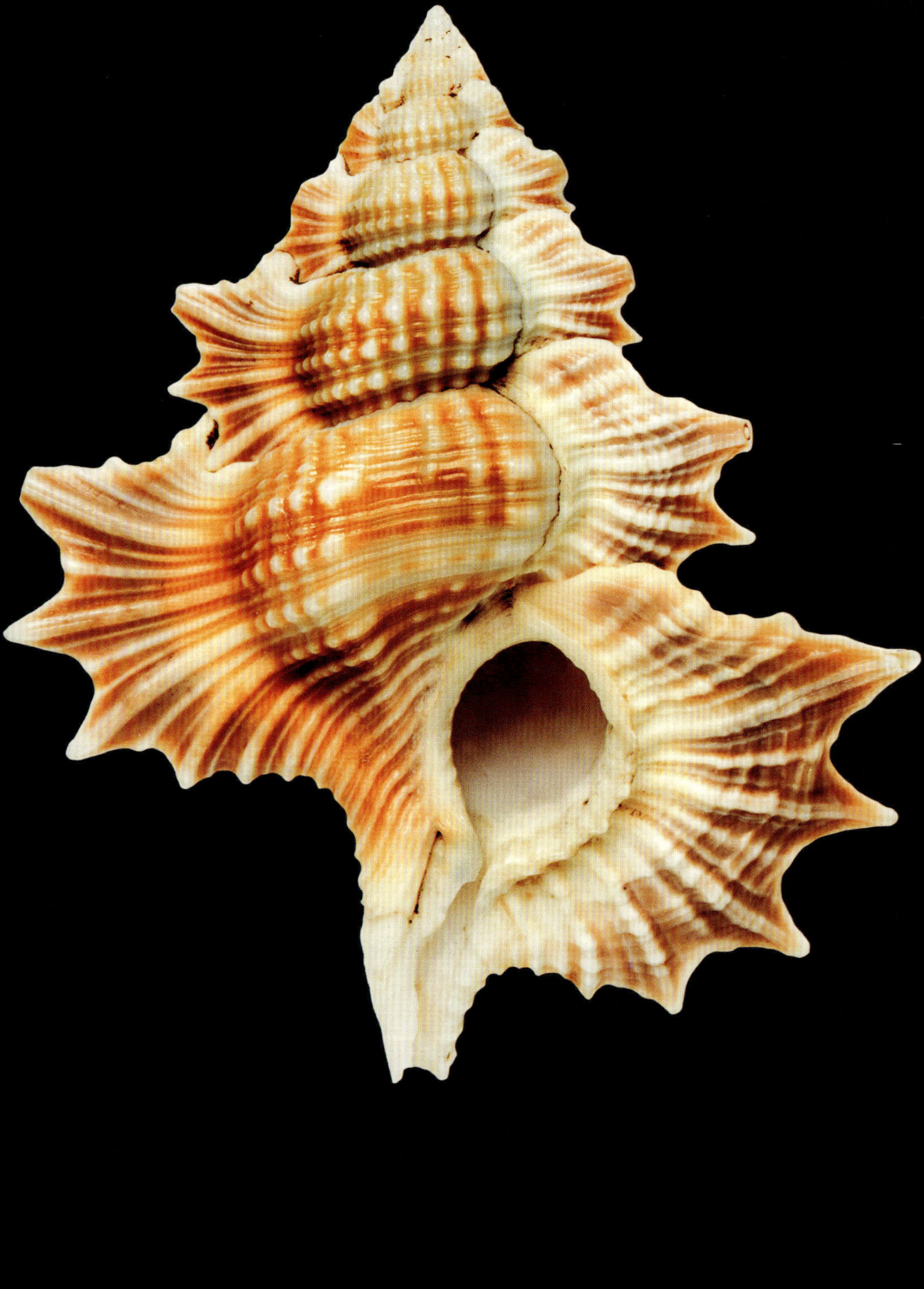

翼法螺（枫叶法螺）

Gyrineum perca

　　翼法螺（枫叶法螺）是一种海螺，其外形轮廓非常特别，极具辨识度。其螺壳看起来像是遭受过挤压一样，略扁平，两侧的翼状纵肋向外延伸，如同枫叶。它们栖息在柔软的泥沙基质上，会在较短的时间内迅速形成一个新的螺层。这种海螺会阶段性生长，它们迅速积聚螺壳形成所需的物质，然后在接下来的几周内专注于将这些物质分泌出来并形成枫叶状的两翼。这种螺翼不仅看起来赏心悦目，而且也有实际作用，因为翼法螺日常栖息在柔软的泥沙上，这种外形能有效防止它们陷进去。

分布
印度洋－太平洋海域

尺寸
7厘米

森根堡巴蜗牛

Euhadra senckenbergiana

《软体动物档案》(*Archiv für Molluskenkunde*) 杂志创刊于1868年，当时名为《德国软体动物学会通讯》(*Nachrichtsblatt der Deutschen Malakozoologischen Gesellschaft*)。自那时开始，这本杂志的发行一直没有中断，使其成为全世界历史最为悠久的软体动物学期刊。这本国际期刊的首任编辑是德国动物学家威廉·科贝尔特（Wilhelm Kobelt，1840—1916），他当时也是德国法兰克福森根堡研究所和自然历史博物馆的馆长。如今，这个研究所兼博物馆的软体动物学部仍然还在负责这份期刊的编辑工作。图中是一种日本特有的陆生蜗牛，于1875年由科贝尔特进行描述。为纪念森根堡博物馆，科贝尔特将其命名为森根堡巴蜗牛。

分布
日本
尺寸
5.5厘米

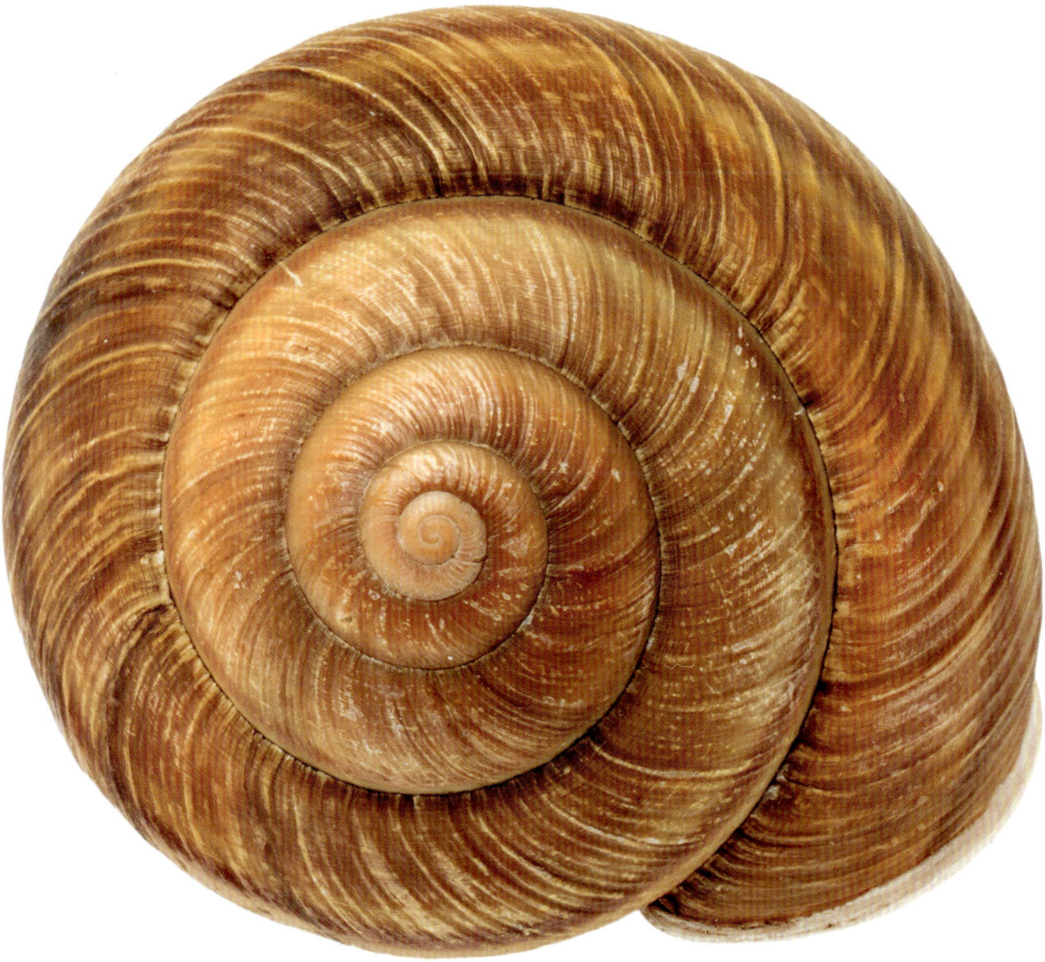

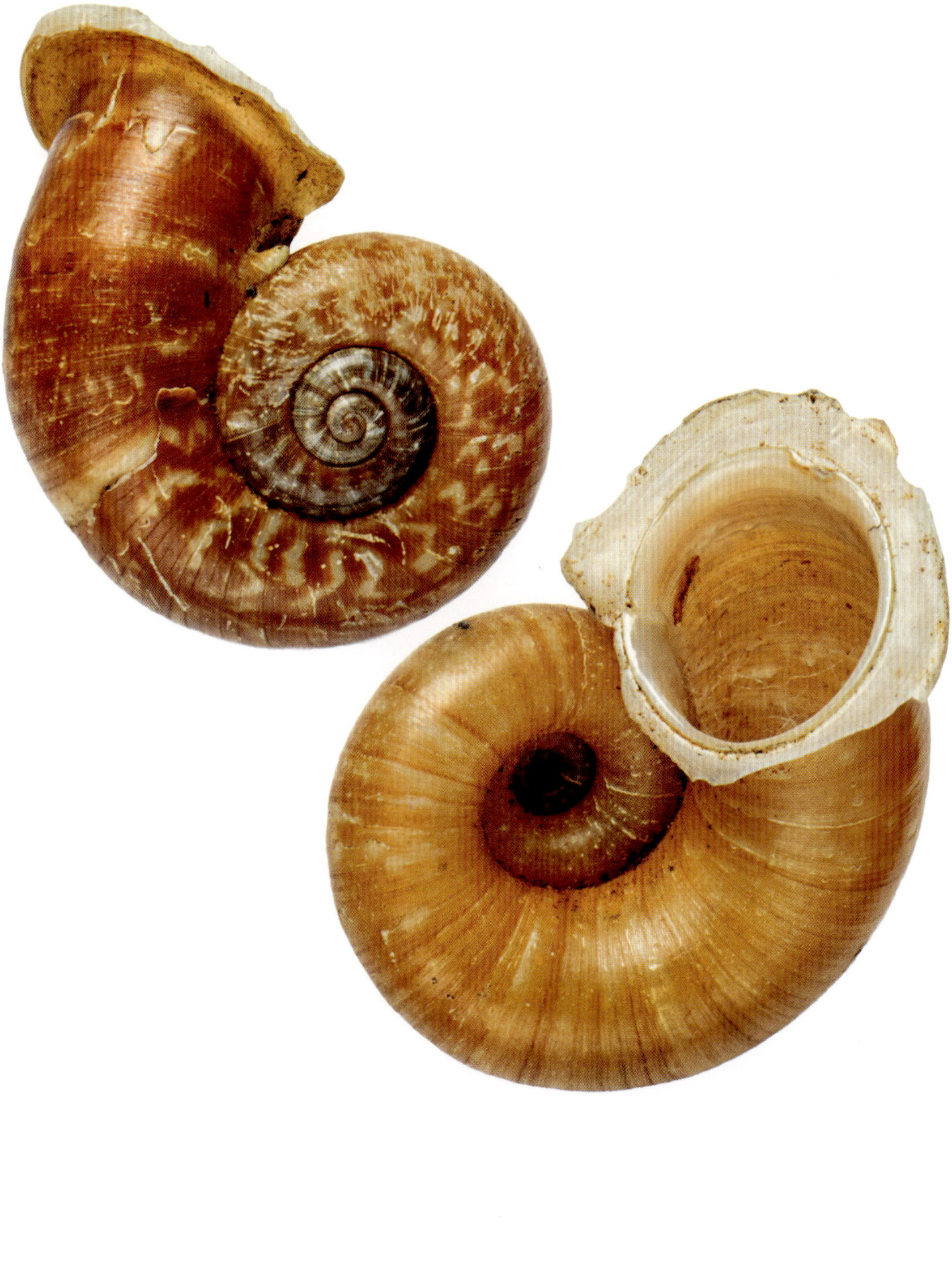

博氏潜水蜗牛

Rhiostoma boxalli

戈德温·奥斯汀（Godwin Austen，1834—1923）是一位英国探险家、地形学家、地质学家和测量师（K2峰，即世界第二高峰乔戈里峰，曾以他的名字命名为戈德温·奥斯汀峰），同时他也是印度软体动物研究领域的权威。他在印度期间进行了多次勘察，从那些人迹罕至的地区搜集了很多软体动物标本，并在退休后开展了系统性的研究。他的著作《印度陆地和淡水软体动物》(*The Land and Freshwater Mollusca of India*)得到了全球同行的认可，奠定了他作为软体动物学家的地位。他搜集的很多贝壳现在收藏于伦敦的英国自然历史博物馆。图中就是戈德温·奥斯汀描述过的一种蜗牛。这种蜗牛被称为博氏潜水蜗牛，因为其最外面螺层上有一个细小的管，如同潜水员的通气管。这个结构可以让蜗牛在口盖完全关闭的情况下还可以呼吸。

分布

婆罗洲北部、巴拉望群岛

尺寸

2.5厘米

三彩捻螺（埃洛伊丝捻螺）
Punctacteon eloiseae

　　三彩捻螺是肉食性的捻螺科海螺中最漂亮的一种，仅见于阿曼的马西拉岛的一片海滩，而该处海滩也正因为这种美丽的海螺而被命名为埃洛伊丝海滩（Eloise Beach）。但是，近年来已经很难发现存活的三彩捻螺个体，当地的生物学家认为人类的过度采集已令其濒临灭绝。这种捻螺是由唐纳德·博什（Donald Bosch，1917—2012）发现，并以其妻子埃洛伊丝（Eloise 1919—2016）的名字命名的。埃洛伊丝同时也和博什一起采集标本。这种海螺在被发现之后很快就成为阿曼的标志性贝壳。博什一家在阿曼沿海的浅水区还发现和收集了另外几个新物种。

分布
阿曼
尺寸
3 厘米

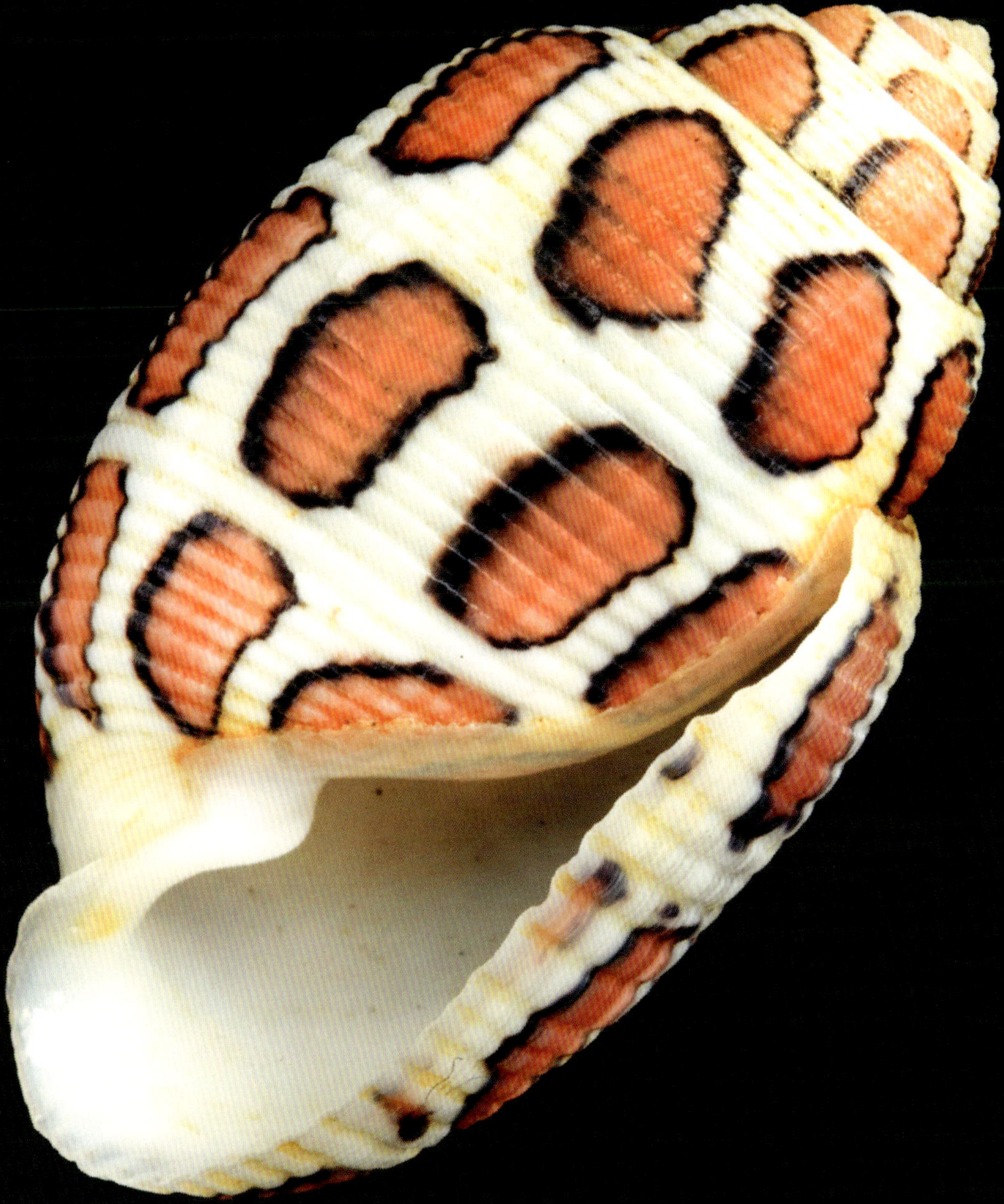

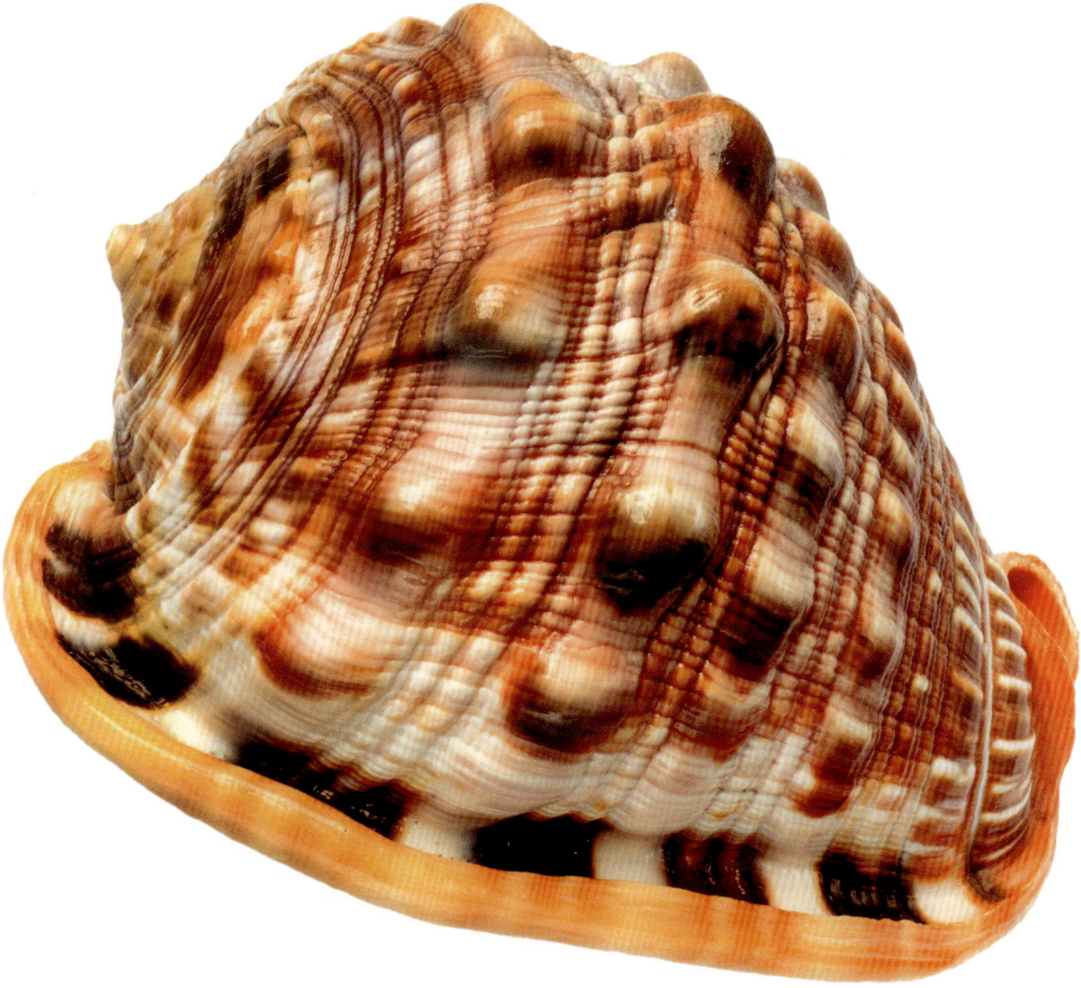

万宝螺

Cypraecassis rufa

贝雕是一种雕刻艺术,但只有少数贝壳才适合作为原料,比如个头较大的盔贝科成员的外壳。这些腹足类贝壳的内层和外层颜色不同,因而工匠可以充分利用这种颜色的对比制作出美丽而复杂的贝雕。几个世纪以来,贝雕艺术家们在贝壳外层上雕刻出栩栩如生的人脸、各种人物以及其他题材,色彩丰富的内层则作为底色和背景起到了极佳的衬托作用。贝雕的首次出现可以追溯到公元前332年的埃及亚历山大港,但是其蓬勃发展是在18世纪至19世纪欧洲的新古典主义时期,那时贝雕作为珠宝饰品备受欢迎。

分布

印度洋-太平洋海域

尺寸

9.5厘米

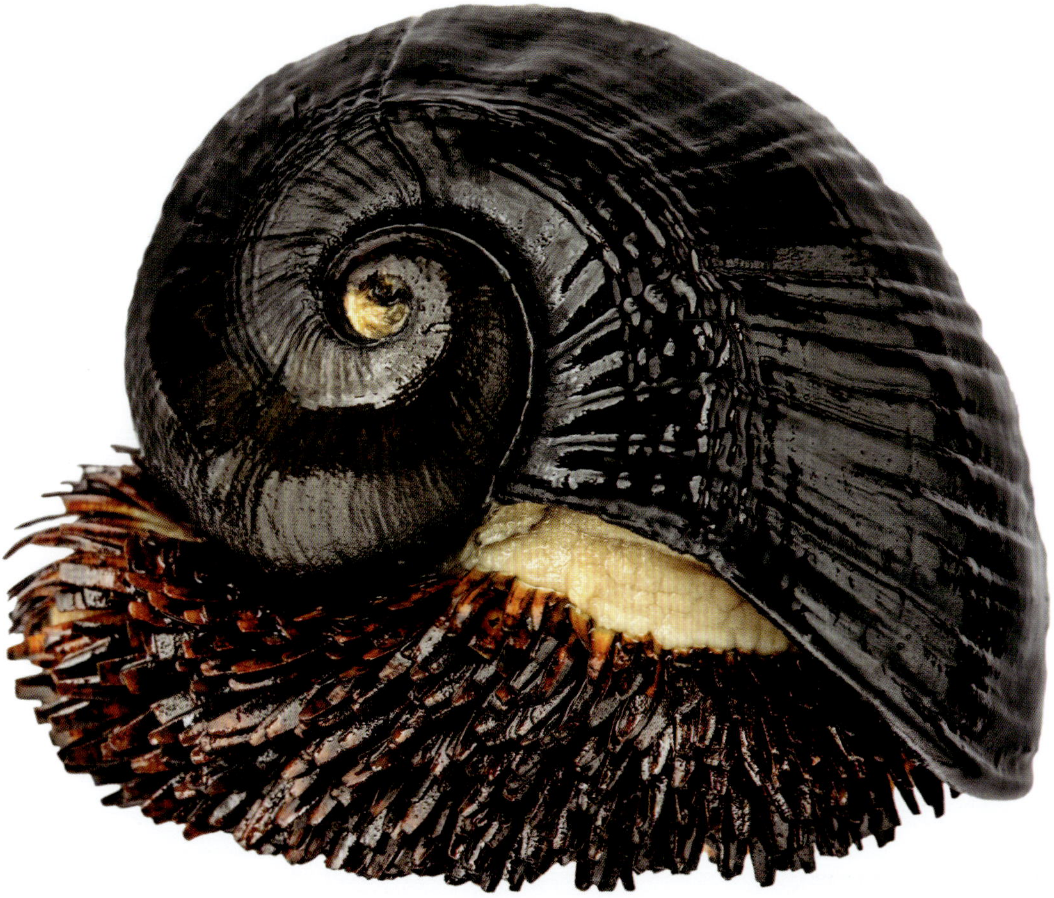

片鳞足螺

Chrysomallon squamiferum

  2001 年，在中印度洋脊（西印度洋的南北洋中脊）的凯雷（Kairei）热液喷口区首次发现了这种足部有鳞的海螺，后来陆续在其他四个热液喷口区也有发现。它们生活在海底 2400～2800 米的热液喷口区和海底黑烟柱附近，那里的温度高达 300～400 摄氏度。这种海螺有着腹足类软体动物中独一无二的腹足，其表面覆盖着数百层含铁鳞片。这些鳞片的内部为肉质，外部坚硬。研究表明，这些鳞片的主要功能是对硫代谢物进行解毒，这些硫代谢物来源于这种海螺在壳内培养的用于摄取营养的共生细菌。此外，在外壳中也发现了铁硫化物成分。2019 年，国际自然保护联盟（IUCN）将这种特殊的海螺列为濒危物种，这是第一个由于人类的深海采矿而被列为濒危物种的物种。

分布

印度洋

尺寸

3.5 厘米

排线玉螺

Tanea lineala

对于大多数软体动物来说，其繁殖后代的任务在它们将卵直接排到水中时就结束了，多板类、掘足类以及大部分的双壳类软体动物都是如此。但是头足类软体动物的一些成员会保护受精卵，甚至继续照顾幼小的个体。有些海螺会将卵产在凝胶状或是皮革状的胶囊里，并将其置于安全的地方，通常是附着在岩壁或是碎石上。玉螺的产卵方式比较特别，它们在夜间产卵，并用黏液将卵块与细沙混合，堆叠成带状，从外面看起来像是一条项链或是衣服的领口，而受精卵就附着在卵带的内壁。在沙滩上经常可以看到玉螺的卵带，而且不同种类的玉螺，其卵带的形状也各不相同。

分布

日本至澳大利亚昆士兰，以及北印度洋

尺寸

2.5 厘米

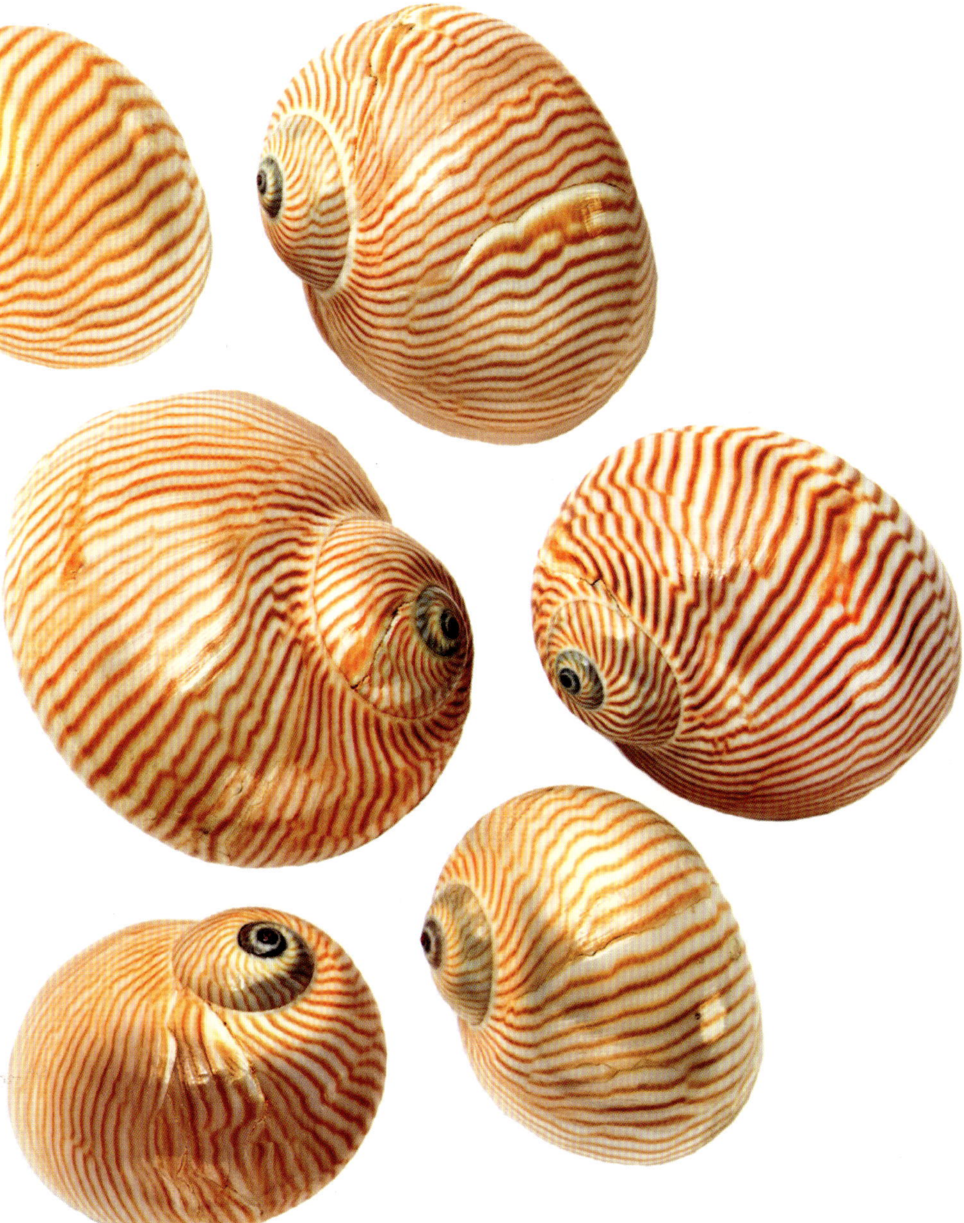

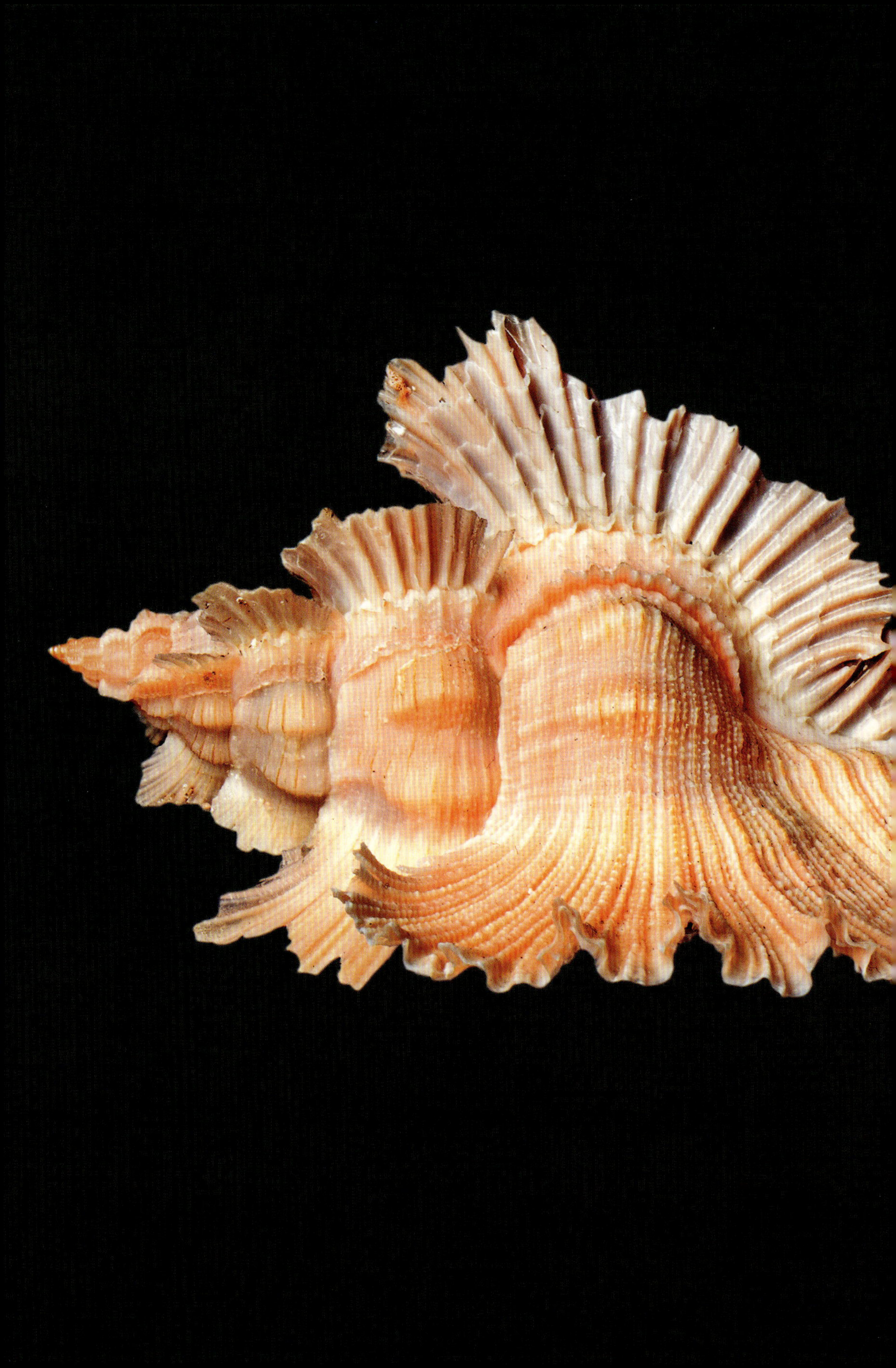

艳红芭蕉螺
Chicoreus loebbeckei

艳红芭蕉螺是一种非常漂亮的海螺，外壳上有三处如翅膀一样的皱褶状螺翼。其颜色以橙色为主，也有白色、粉色、黄色和红色，其中以白色最为罕见。艳红芭蕉螺标本比较稀有，因为其生活在较深的海域，而且其螺壳的翼状部位脆弱易碎，因此保存完好的个体尤其难得。1879 年，德国软体动物学家威廉·科贝尔特（Wilhelm Kobelt，1840—1916）根据当时德国的一位医生西奥多·洛贝克（Theodor Löbbecke，1821—1901）的私人藏品对该物种进行了描述，也就是图中的这件艳红芭蕉螺标本。

分布
印度洋 – 太平洋海域
尺寸
6 厘米

锦鲤笔螺

Mitra mitra

在热带地区的各种栖息地中都可以发现笔螺,它们中的大多数成员生活在沙堤和潟湖里,也有一部分生活在礁石处的岩石和珊瑚中。锦鲤笔螺是这个家族中最大的物种,只以星虫(一种蠕虫状海洋无脊椎动物)为食。其物种名和常用名其实都源于贝壳的形状,它们看起来与主教在出席典礼时所戴的帽子非常类似[1]。有趣的是,笔螺科中的其他一些成员也被赋予了和教会相关的名称:来自印尼的摩鹿加群岛的大红牙笔螺[2],来自马达加斯加的 abbot's mitre,意为"修道院院长的礼冠",还有来自日本的 cardinal's mitre,意思是"红衣主教的礼冠"。[3]

分布

红海至印度洋 – 太平洋海域、加拉帕戈斯群岛

尺寸

12.5 厘米

---

[1] 在英语中,Episcopal 的意思是"主教的",而 mitra 的意思就是"主教的礼冠",译者注。
[2] papal mitre 意为"教皇的礼冠",译者注。
[3] abbot's mitre 和 cardinal's mitre 均未查询到对应中文名。此外,译者认为,应是出于中外文化有别的缘故,对这种海螺的命名,英文名称基本来源于神职人员的礼冠,但中文名称源于其形似钢笔,译者注。

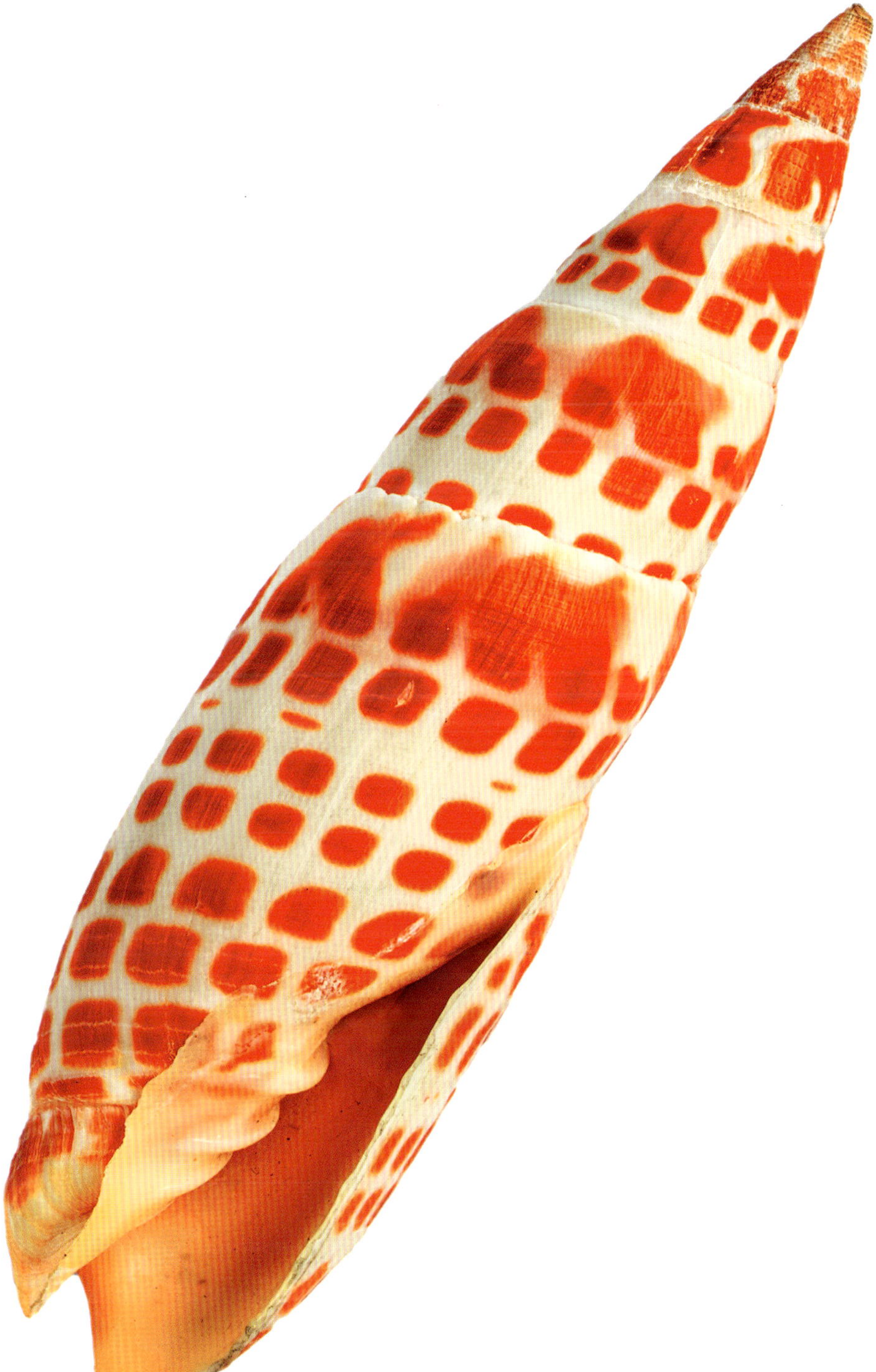

唐冠螺

Cassis cornuta

珊瑚礁是地球上物种最丰富、多样化程度最高的环境之一，为各种各样的生物提供了复杂多样的海洋栖息地。珊瑚礁只覆盖全球海洋生态系统不到1%的面积，但却为25%的海洋物种提供了家园，其中就包括数千种软体动物。但是现在全球各地的珊瑚礁都面临着生存威胁，这些威胁除了来自人类的活动之外，最令人担忧的是以珊瑚为食的棘冠海星，这些海星直径可达1米。而唐冠螺是少数几种能够捕食棘冠海星的软体动物之一。正是由于这个原因，唐冠螺在澳大利亚昆士兰受到了严格的保护，人们希望依靠它们抑制海星的扩散，防止大堡礁被彻底破坏。

分布
红海、印度洋 – 太平洋海域

尺寸
27厘米

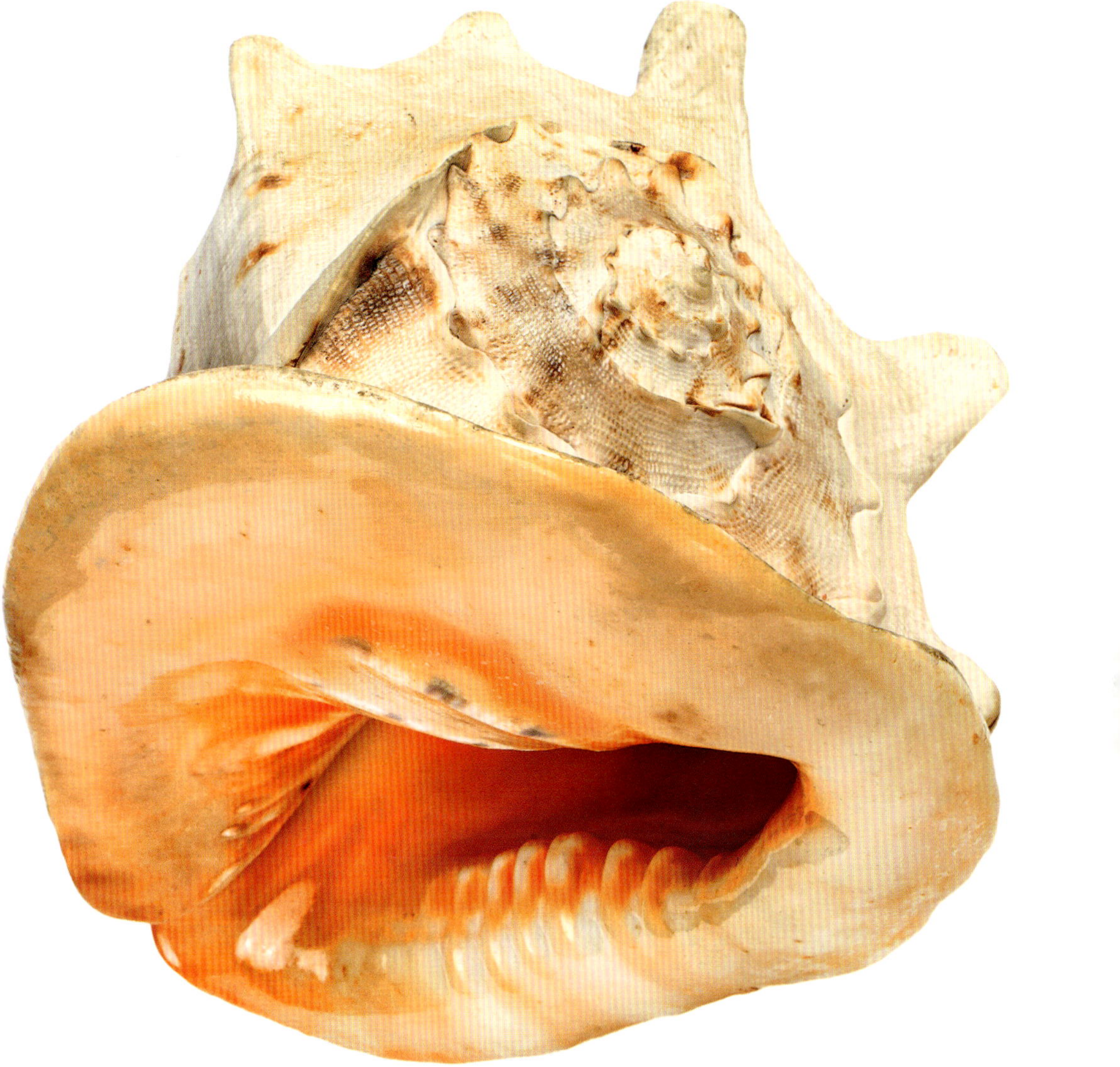

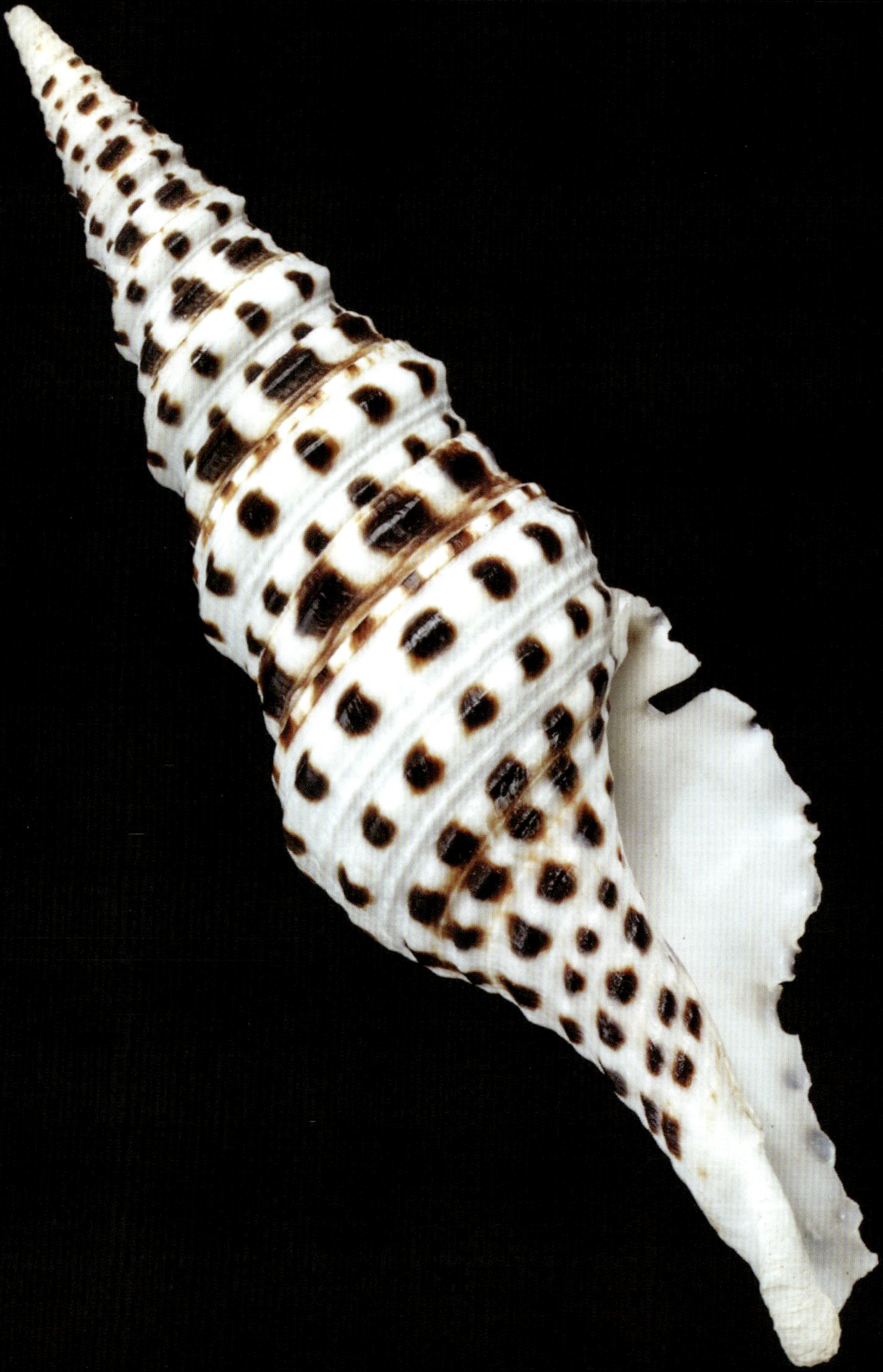

巴比伦卷管螺
Turris babylonia

塔螺科（卷管螺科）是所有海洋贝类中种群最丰富的一科，目前已经描述的已超过 4000 种，而且据推测还有一万多种有待被发现和命名。塔螺栖息地广泛，从泥、沙、岩石到珊瑚礁，从潮间带到深海，从南极到北极，遍布全球海洋的各个角落。塔螺科所有螺类都是肉食性的，主要捕食多毛类蠕虫（沙蚕）。像锥螺一样，塔螺以及其他的弓舌类软体动物都有毒腺，能够捕食蠕虫的鱼叉状的齿舌。它们的贝壳形状有一定的多样性，但都有一个共同的特征，即壳口外唇上都有一条被称作卷管螺缺刻的狭缝，塔螺用肛虹吸管通过这一狭缝将排泄物排出体外。

分布
印度洋 – 太平洋海域

尺寸
8.5 厘米

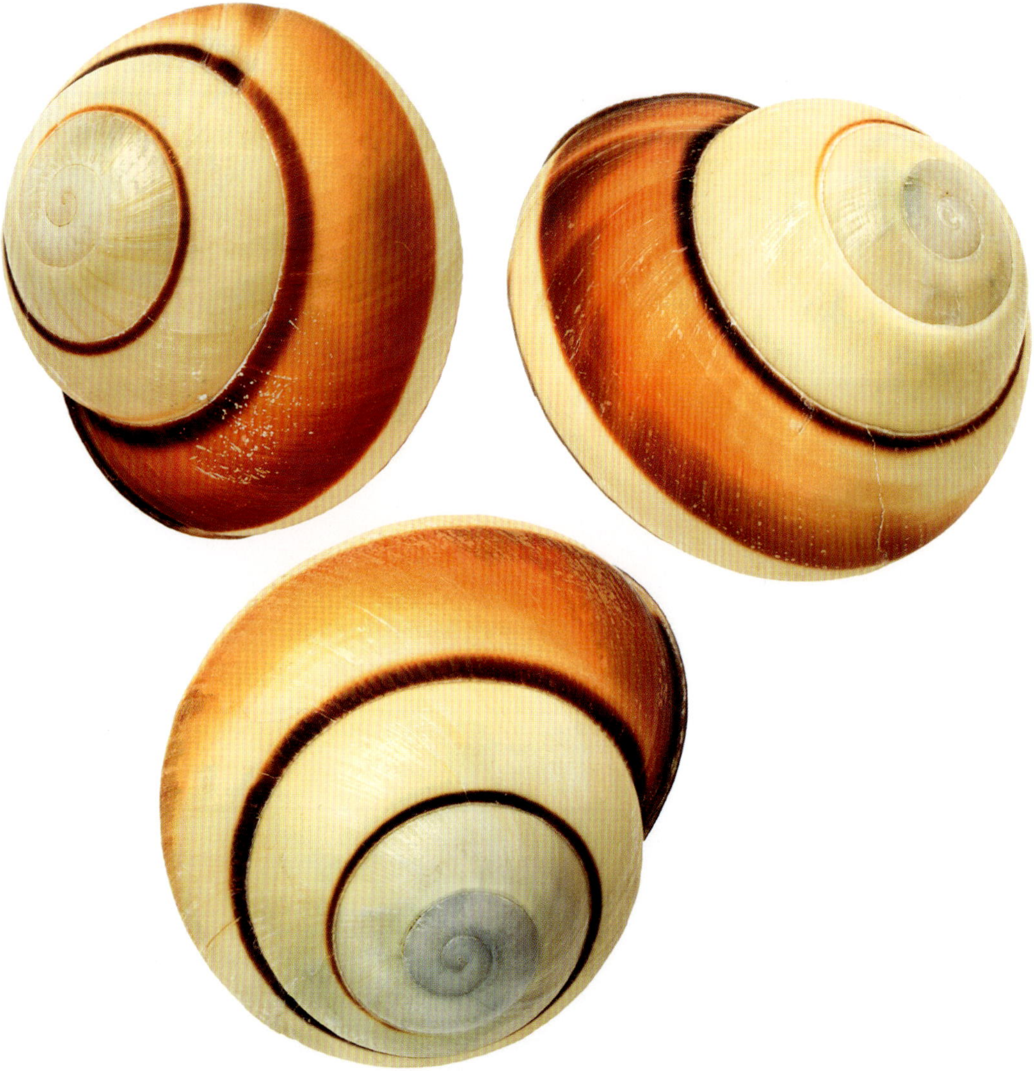

路易斯巴蜗牛

Calocochlea roissyana

陆生蜗牛已经演化出了适应各种环境的能力，从冰冷的雪山到炎热的丛林，从深不见底的洞穴到干旱的非洲沙漠，到处可见它们的身影。有些蜗牛在外界温度过低的时候会冬眠，有一些在温度过高的时候会停止身体各项机能，用一层覆膜（干燥的黏液）封闭蜗壳的进口，进入假死的状态。在落叶、岩石、树桩、枝条、较小的植物等各种地方都可以找到陆生蜗牛。一个地方的微生态环境越丰富，能找到的蜗牛品种就越多。在菲律宾，有数百种色彩鲜艳的大型树蜗牛，图中的这种路易斯巴蜗牛就是其中之一。不过由于人类对森林的过度砍伐，许多种类的巴蜗牛已经灭绝。

分布

民都洛岛（菲律宾中部岛屿）

尺寸

3 厘米

织锦蜓螺

Nerita textilis

  蜓螺科成员的栖息地非常广泛，它们中的大多数物种聚居生活在岩石海岸，有一些生活在与海水交界的河流入海口，在淡水湖和溪流中也有分布，甚至有些生活在没有水的树干底部和树根之间。它们有厚厚的螺壳和一个非常紧密的口盖，借此蜓螺可以将水保持在壳内，这能让它在离开水的情况下存活很长时间。有些蜓螺聚居生活在高潮位之上的岩石表面，图中这种织锦蜓螺就是其中之一。它们享受飞溅的浪花，但是绝不被海水淹没。蜓螺是植食性软体动物，它们以所栖息的岩石或树木表面的藻类为食。蜓螺的壳大致呈球形，只有极少部分例外。织锦蜓螺外壳上的厚厚的旋脊被生长线切断，形成了图中这种如绞合绳索的效果。

分布
东非至西太平洋

尺寸
3.5 厘米

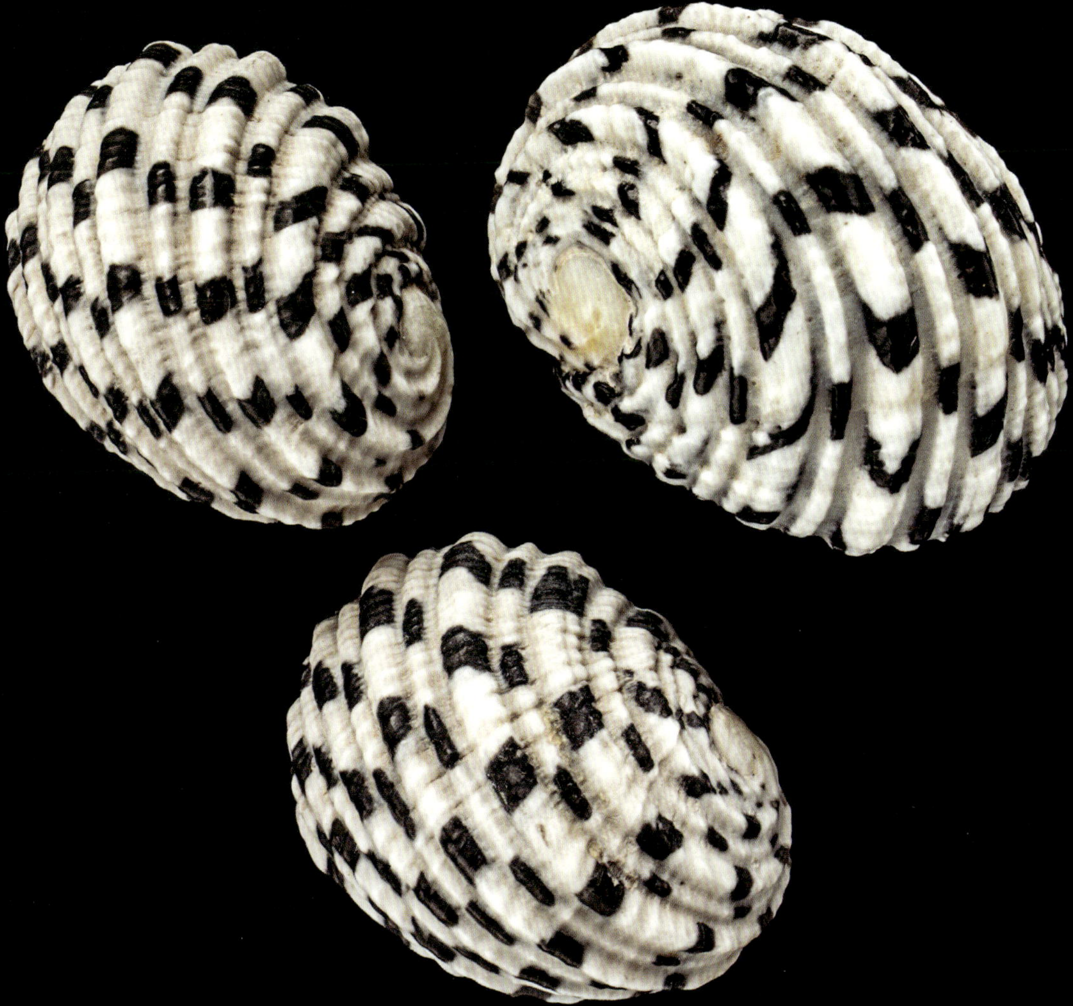

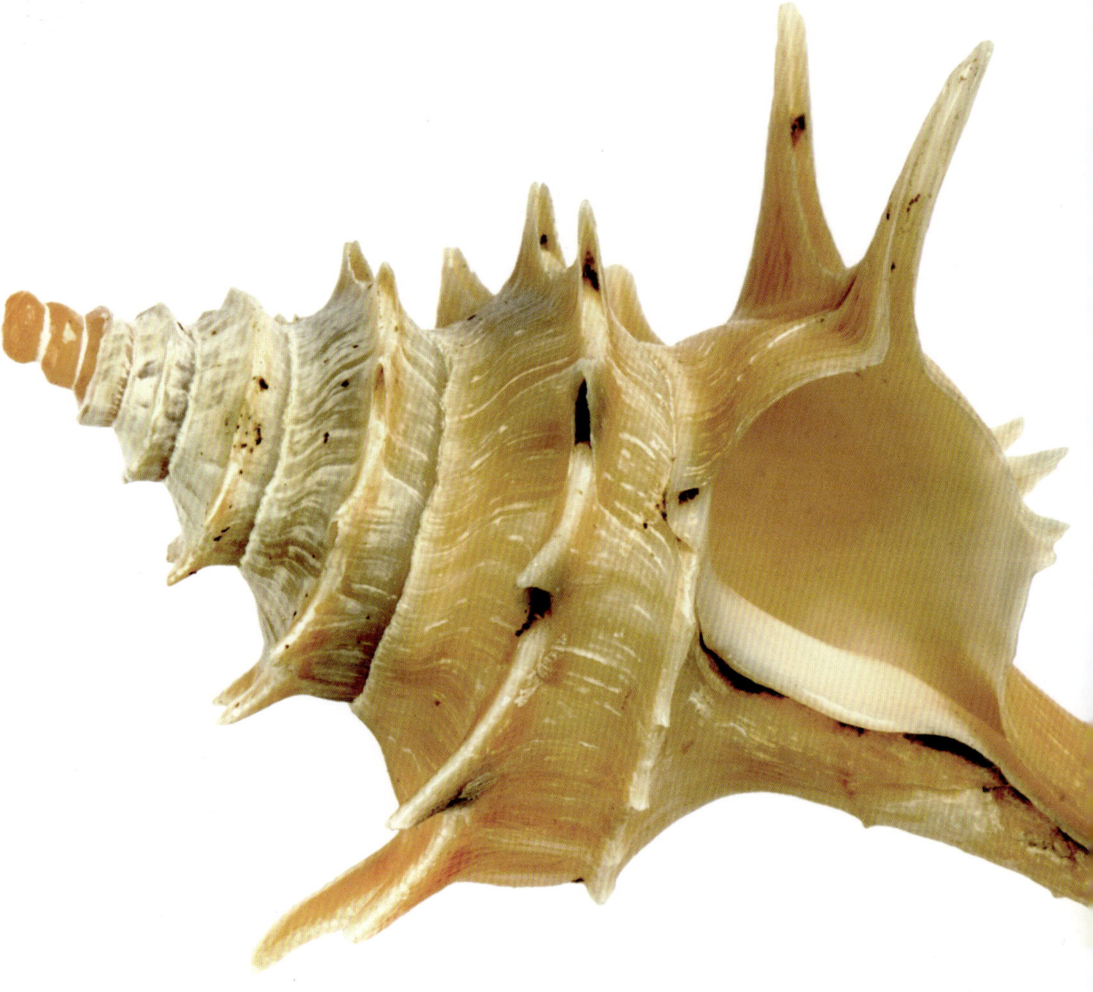

扶手旋梯螺

Columbarium pagoda

图中这种螺旋状的贝壳是扶手旋梯螺,属于塔螺科的一种。塔螺在世界范围内的深水海域都有分布,因其外形与日本等一些亚洲国家的多层宝塔相似,故而得名塔螺。它们栖息于大陆斜坡沿线的泥砂质海底。扶手旋梯螺壳体纤细,呈纺锤形,带有细长的虹吸管。其脊刺上翻,呈扁平的三角形。它们是肉食性动物,用虹吸管进食管栖多毛类蠕虫(毛足虫)。

分布

日本至南中国海

尺寸

7.5 厘米

扭口烟管螺

Oospira loxostoma

威廉·亨利·本森（William Henry Benson，1803—1870）是一名曾在英属东印度公司工作的爱尔兰文职人员。他在当地开始收集蜗牛标本时，印度和安达曼群岛地区的陆生蜗牛几乎完全不为外界所知。本森不仅自己收集标本，他还要求家人和朋友帮他一起开展这项工作。他们收集了大量的贝壳类标本，尤其是陆生蜗牛。正是由于这个原因，他被视为印度的软体动物学的开创者之一。后来由于交换、捐赠或出售，本森的大量藏品逐渐散落到了许多机构和收藏家手中。图中这只扭口烟管螺是本森自己描述的，属于烟管螺科（classiliids）。烟管螺是一种蜗壳细长、呼吸空气的陆生螺类。

分布
印度

尺寸
2.5 厘米

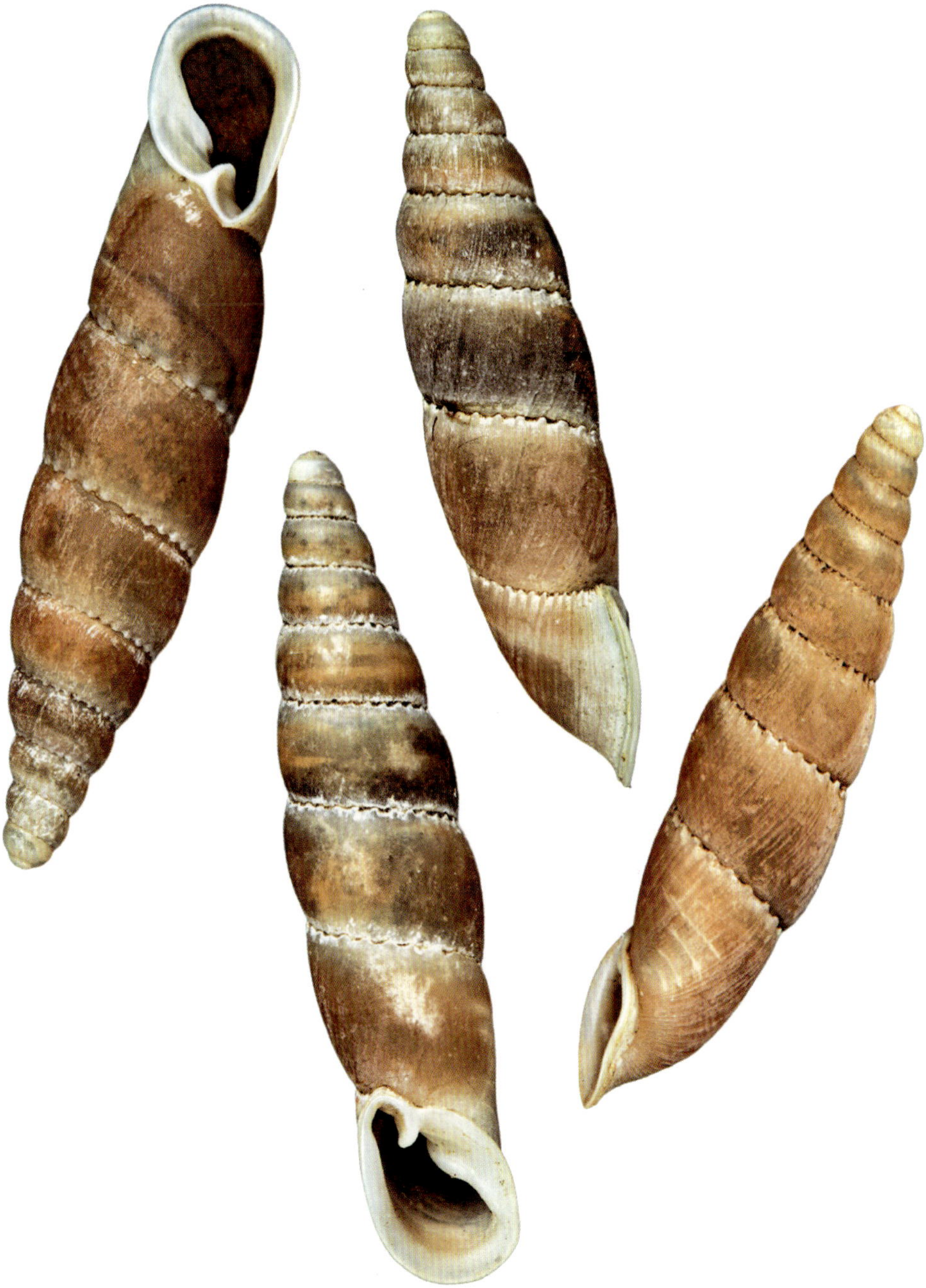

钻笋螺
Terebra triseriata

　　钻笋螺的螺壳细长，螺层非常多，壳体易碎，壳口较小。当前现存的钻笋螺大约有 270 种，以热带的印度洋、太平洋地区最具多样性。它们有些生活在珊瑚礁旁的沙土里，有些生活在海滩的拍岸浪带，还有一些生活在泥质砂土里。它们都是食肉动物，以海洋蠕虫为食。因为钻笋螺、锥螺和塔螺具有相同的特殊进食方式，因此它们被统称为弓舌类软体动物。它们都有一个鱼叉状的齿舌，能够向猎物注射毒素令其麻痹。在所有外壳呈螺旋状的腹足类软体动物中，钻笋螺的螺壳是最长的。其全部螺层都完好无损的成年个体标本极难找到，因此受到很多贝壳收藏家的追逐。

分布
印度洋 – 西太平洋至夏威夷

尺寸
9.5 厘米

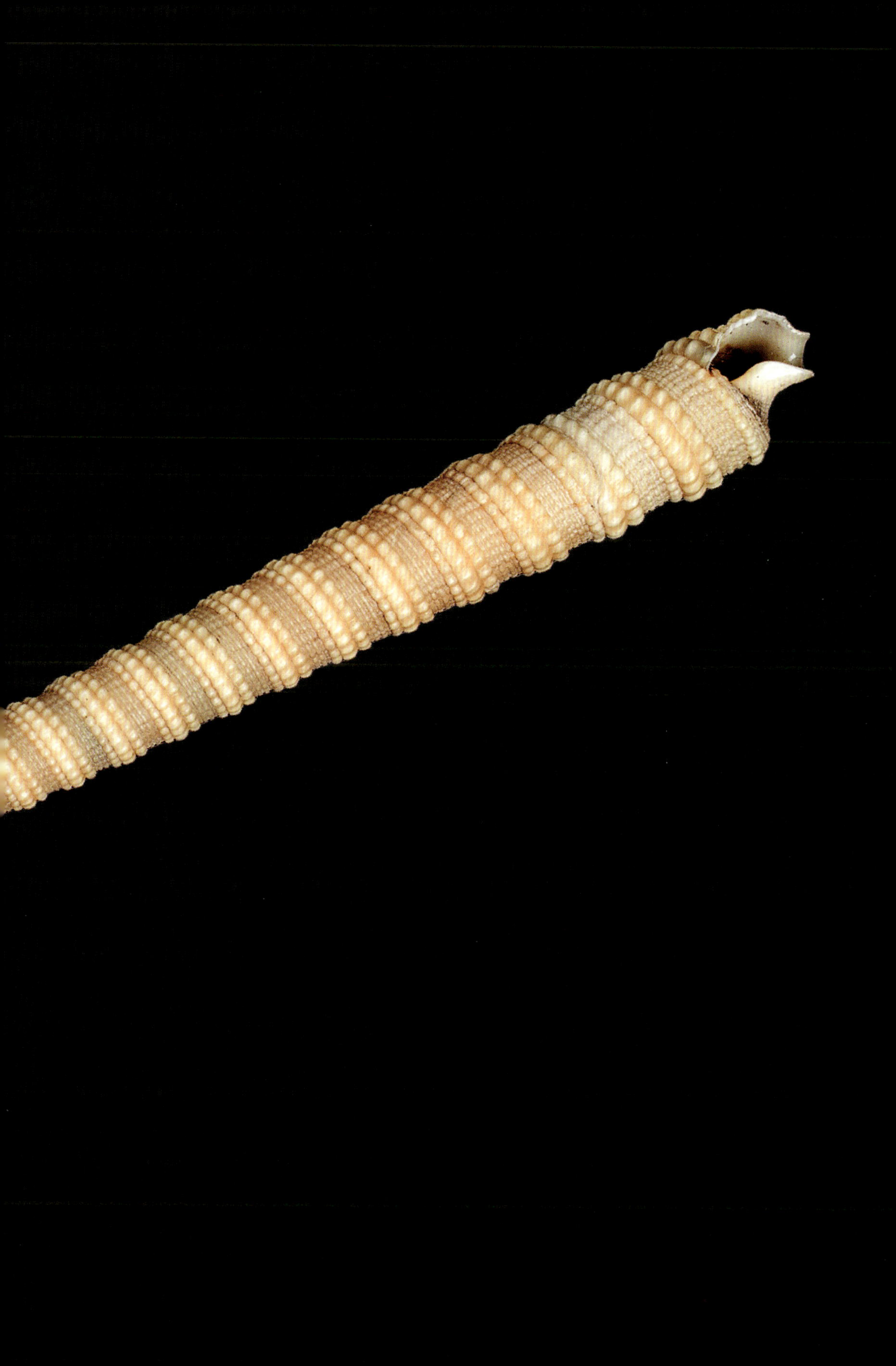

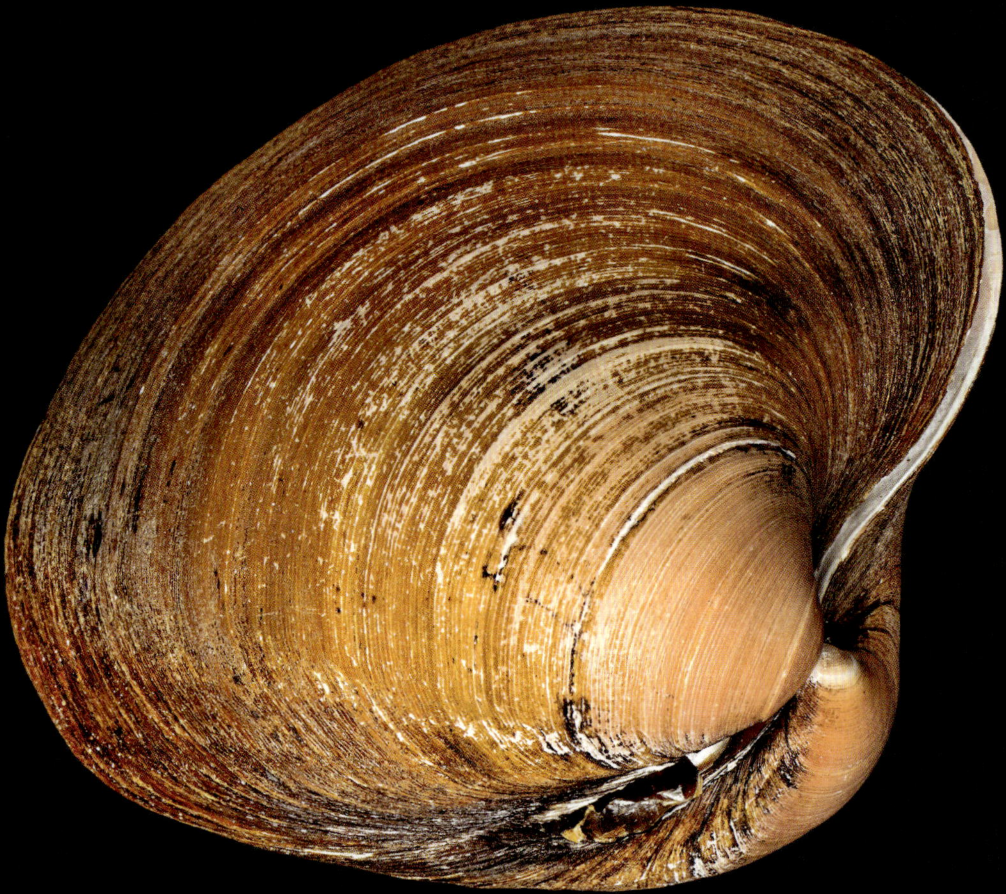

北极蛤
Arctica islandica

已知的世界上活得最久的动物是一只2006年从冰岛海域捕捞出水的北极蛤，一种双壳类。这只507岁的北极蛤一开始被命名为"明"（Ming），因为按时间计算，它是在中国的明朝时期出生的。后来，发现这只北极蛤的冰岛研究人员将它重新命名为Hafrun，意思是"海洋之奥秘"。它的年龄是通过计算其外壳上的生长线数量得出的，这与通过树桩上的年轮确定树龄是一个道理。软体动物在生长过程中通过外套膜边缘不断分泌的物质增加外壳尺寸，因此形成生长轮。通过外壳也可以探究这些软体动物当时所处的水生环境。借助对生长轮处的碳氧同位素分析能得到当时的海水温度和盐度信息，而对于外壳中所含的钙、锌等其他元素的含量分析有助于研究海洋污染情况以及不同时期的海洋酸化情况。

分布
北大西洋

尺寸
8.5厘米

珠母贝
Pinctada margaritifera

当一个很小的异物进入到软体动物的体内时，珍珠就开始形成。这个异物可以是微小的沙砾、碎壳、寄生虫，甚至小鱼都有可能。软体动物会对这些异物作出排异反应，也就是分泌出与形成外壳同样的物质将它们包裹起来，于是就产生了珍珠。所有的软体动物都能产生珍珠，但是只有那些贝壳内部有珍珠母层的海洋牡蛎和淡水贻贝才能孕育出光艳夺目的美丽珍珠。

分布
印度洋、西太平洋至中太平洋

尺寸
9 厘米

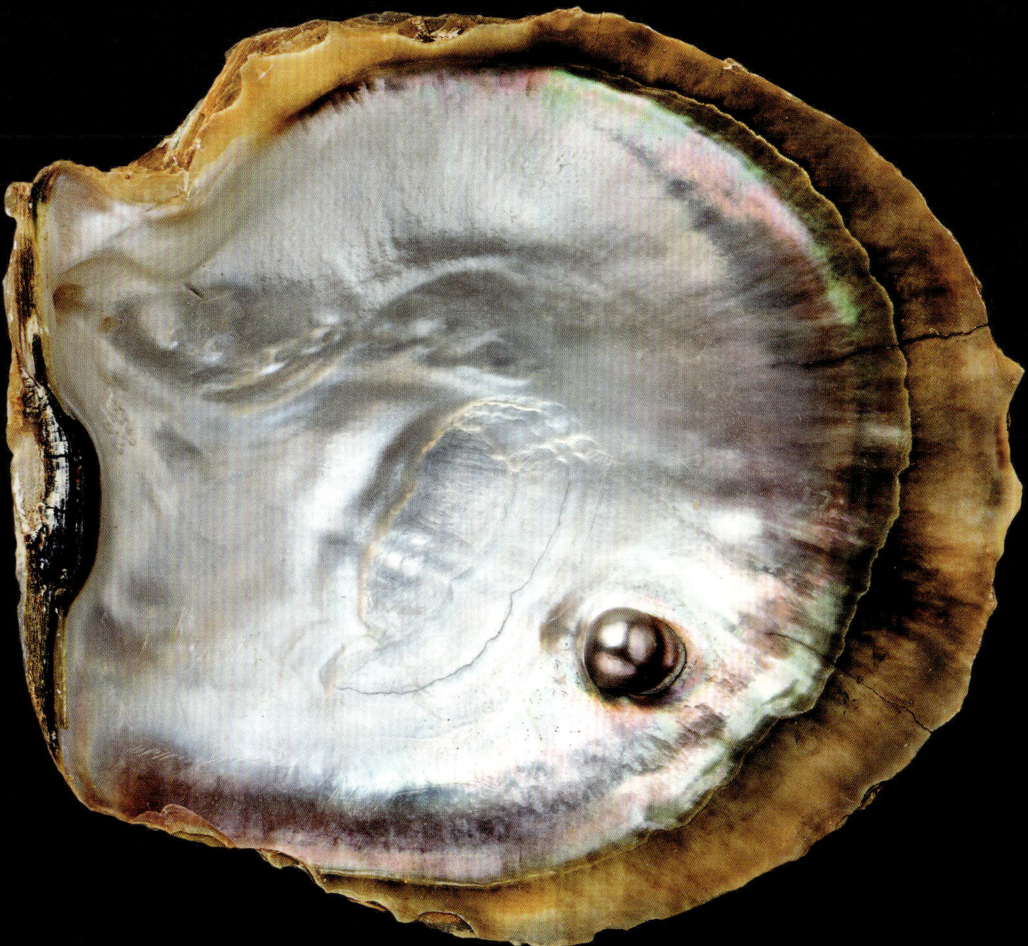

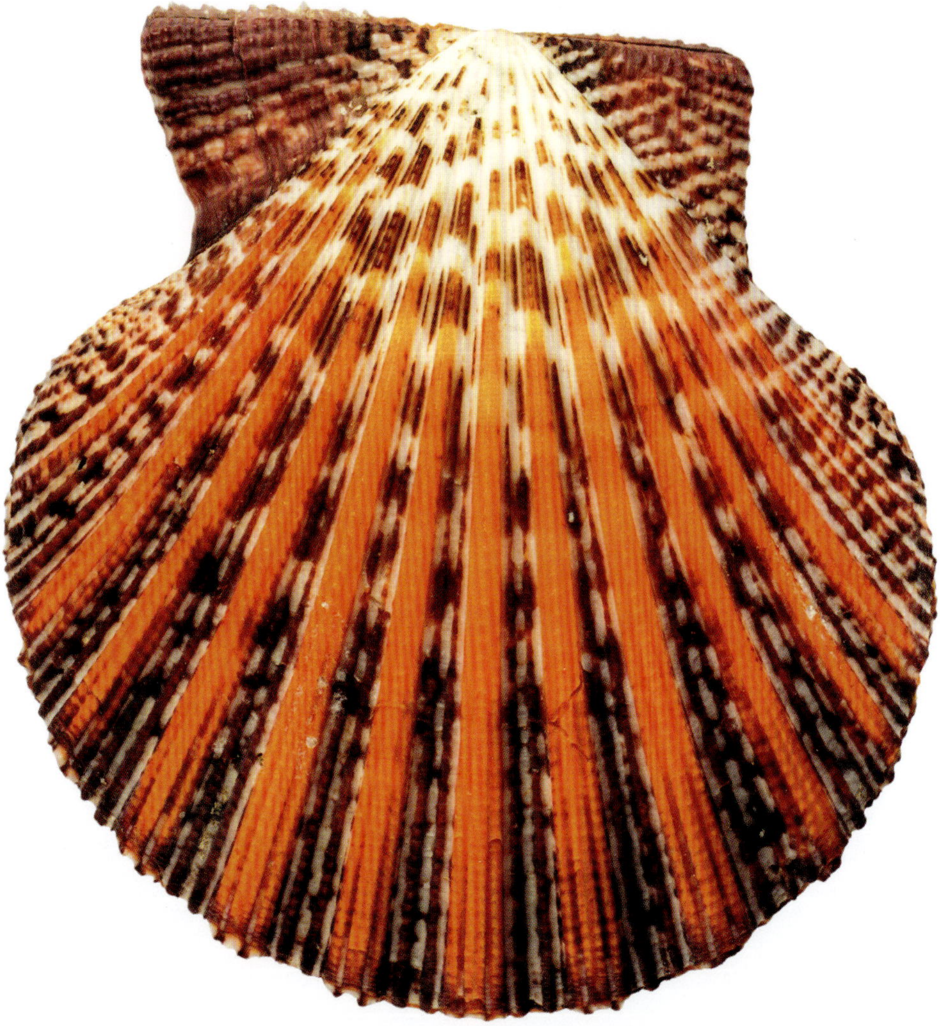

油画海扇蛤

Gloripallium pallium

扇贝是海生双壳类，种群数量大，有几百种之多。它们分布广泛，从全球各地的潮间带到深海均可见到。有些扇贝会将自己牢牢地粘在岩石等基质上，或者是依靠足丝固定在岩礁沙石上，而且一生只待在这一个地方；有些扇贝则会游泳，随着海浪浮沉。图中的这种油画海扇蛤的贝壳形状较圆，如同扇子，前后有耳状部，外壳有雕刻纹。其双壳形状不完全对称，右壳外凸，左壳扁平或稍内凹。扇贝是滤食性动物，靠水层中的微生物为食，主要天敌是海星。很多种扇贝是优质食材，价格不菲，因此很多地区产生了人工养殖扇贝行业。

分布

印度洋至西太平洋

尺寸

8厘米

大江珧蛤

Pinna nobilis

江珧通过一种叫足丝的东西将自己固定在海底沙地上。这种物质由江珧足部的腺体分泌，细长如发丝，故而得名足丝。长达数百年的时间里，在意大利南部和西西里岛的部分地区，人们一直从大海里搜集这种足丝，将其清洗、梳理，加入柠檬汁以增强其天然的金色光泽，然后将其纺成纱线，织成布料，用来制造名贵的手套、披肩乃至整件礼服。据说教皇本笃十五世和维多利亚女王都拥有一双足丝制成的袜子。在儒勒·凡尔纳（Jules Verne）的小说《海底两万里》（*20,000 Leagues Under the Sea*）中，"鹦鹉螺"号船员穿的就是由足丝制作的衣服。大约需要1000个江珧蛤才能生产出1千克的足丝，并纺成200～300克的纱线，产量极为有限。因此到了19世纪，欧洲的传统丝绸取代了足丝，足丝的生产和使用在第一次世界大战后不久就彻底退出了历史舞台。

分布
地中海

尺寸
30厘米

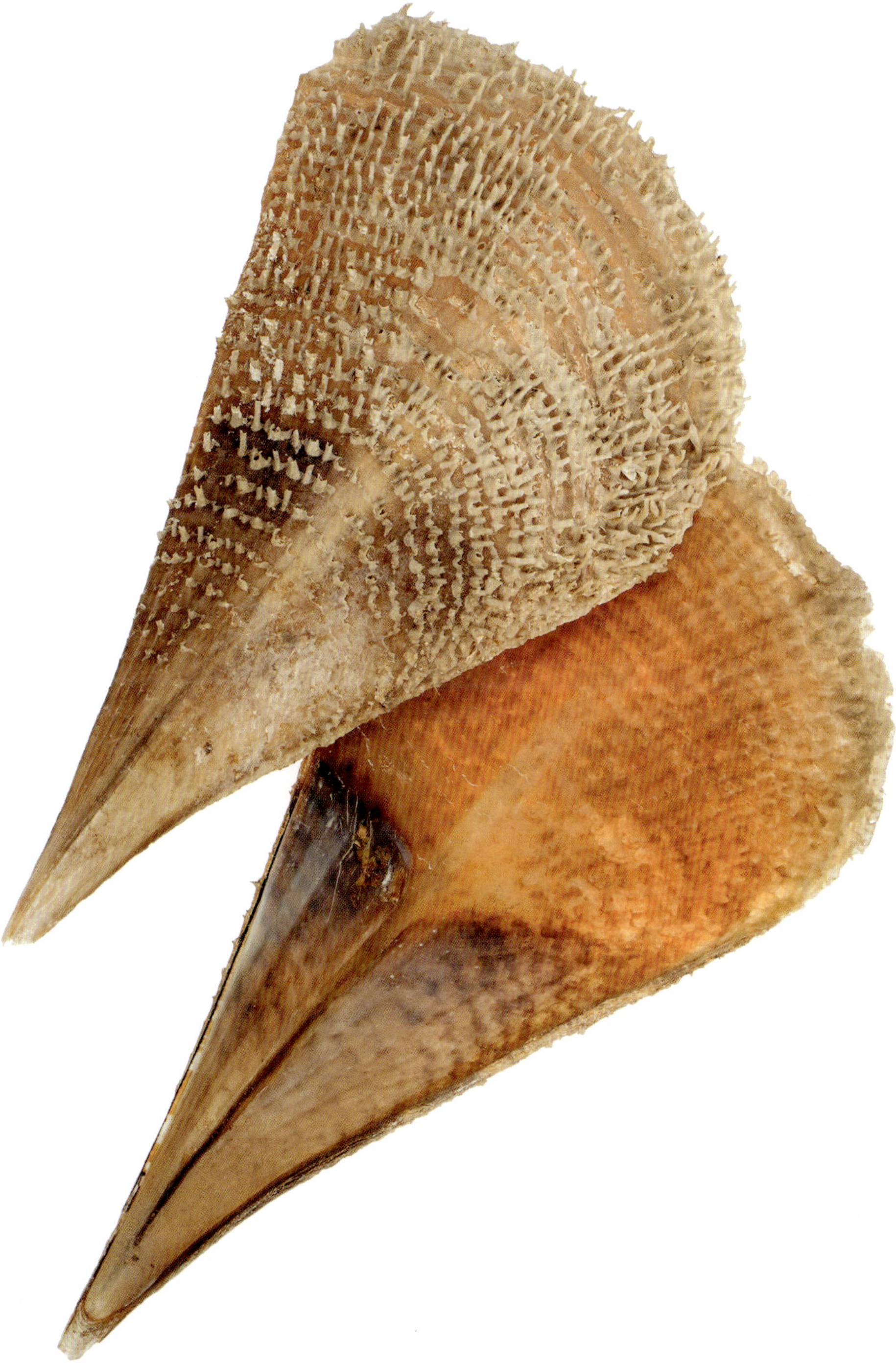

天使之翼鸥蛤
Cyrtopleura costata

很多海洋腹足类软体动物会挖掘泥沙，将自己隐藏起来以躲避猎食者。双壳类里的海笋科成员则是钻洞高手，它们通过强有力的足部控制外壳慢慢旋转，在泥地、石灰岩、木头甚至是岩石上钻出长长的孔洞。虽然海笋科的外壳既薄且长，但是其顶端却非常坚硬，借此它们得以钻进基质的内部。天使之翼鸥蛤的白色外壳美丽非凡，它们生活在潮线下的浅海区，在软质泥地上钻出的孔洞可深达 1 米。它们是滤食性动物，以浮游生物为食，在一小片区域内往往会分布着几十个散居的个体。

分布

美国马萨诸塞州至巴西

尺寸

12 厘米

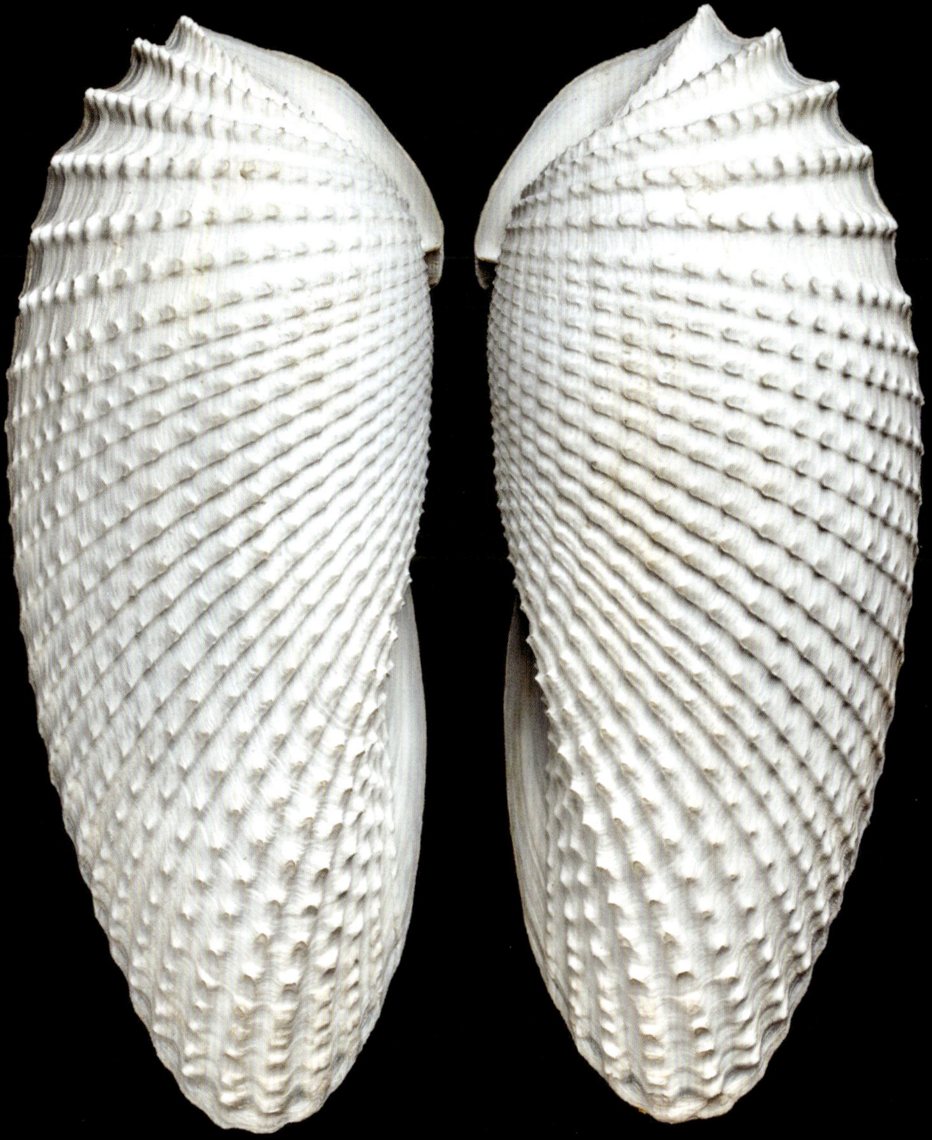

硬壳蛤（薪蛤）

Mercenaria mercenaria

硬壳蛤是比较为人们熟知的贝类，它是很多北美人常吃的一种蛤蜊浓汤中的主要食材。在美国东海岸地区，硬壳蛤是一种很重要的养殖贝类，几千年来，当地人一直在食用硬壳蛤。其常用名 quahog 其实源于 poquauhock，这是居住在罗德岛的纳拉干西特人对这种蛤蜊的称呼。当地人还会将这种贝壳切割打磨成珠子，打孔后用线串成贝壳念珠，可以当货币使用。贝壳唇部紫色部位做成的紫色珠子要比其他的珠子贵很多。

分布
加拿大北部至墨西哥湾
尺寸
9 厘米

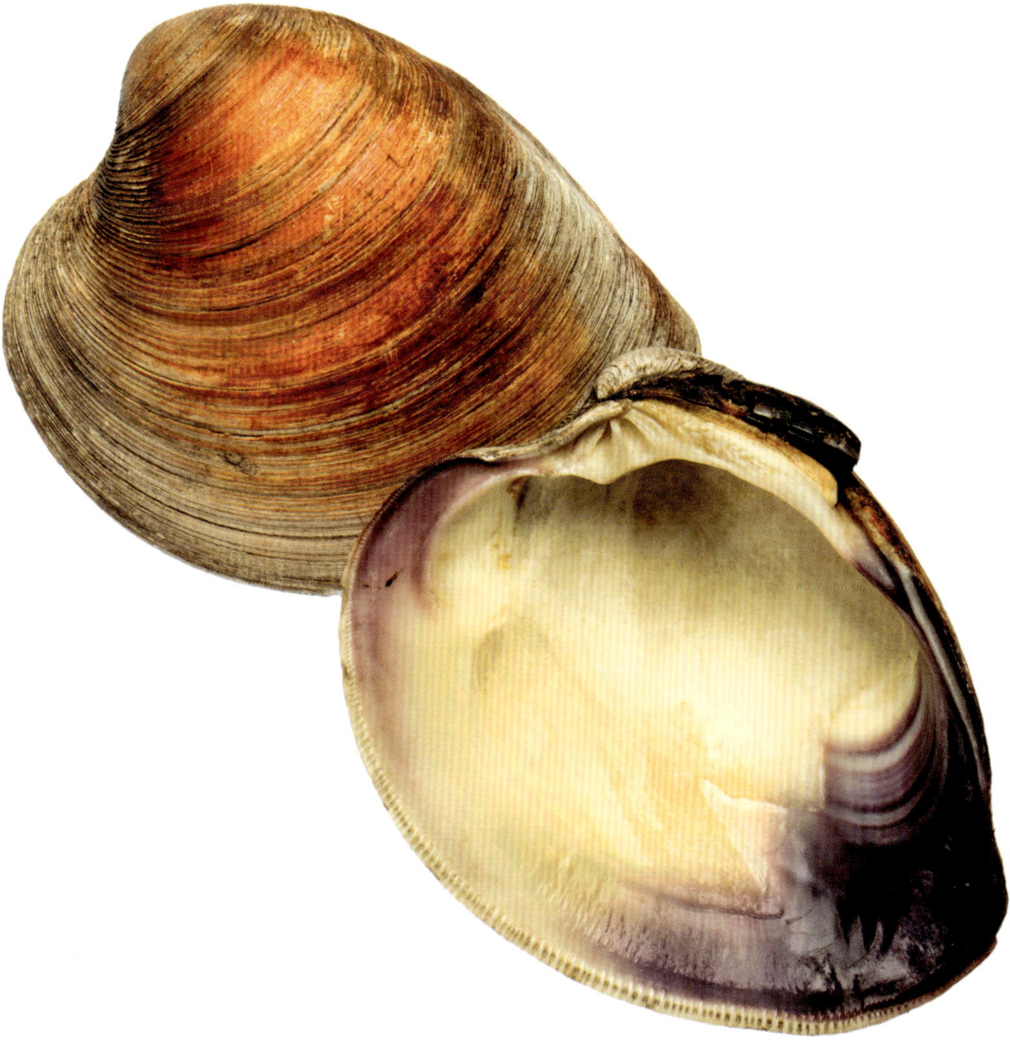

大海扇蛤

Pecten maximus

在各种文化，尤其是宗教文化中，扇贝的壳一直都具有象征意义。图中的这种大海扇蛤是圣詹姆斯（Saint James）的徽章，也是天主教朝圣者往返西班牙圣地亚哥－德孔波斯特拉（Santiago de Compostela）大教堂的朝圣之路上标志性的携带物。圣詹姆斯是耶稣的十二门徒之一，他的遗体依据传统埋葬在这所教堂中。自公元9世纪开始，世界各地的信徒们沿着多条路线辗转来此朝拜。中世纪时起，信徒们在大教堂结束朝拜后会找一个扇贝壳带回，作为完成朝圣之旅的证明。如今，这种扇贝壳已然成为这朝圣的象征。

分布
欧洲大西洋、西欧北海以及地中海

尺寸
8厘米

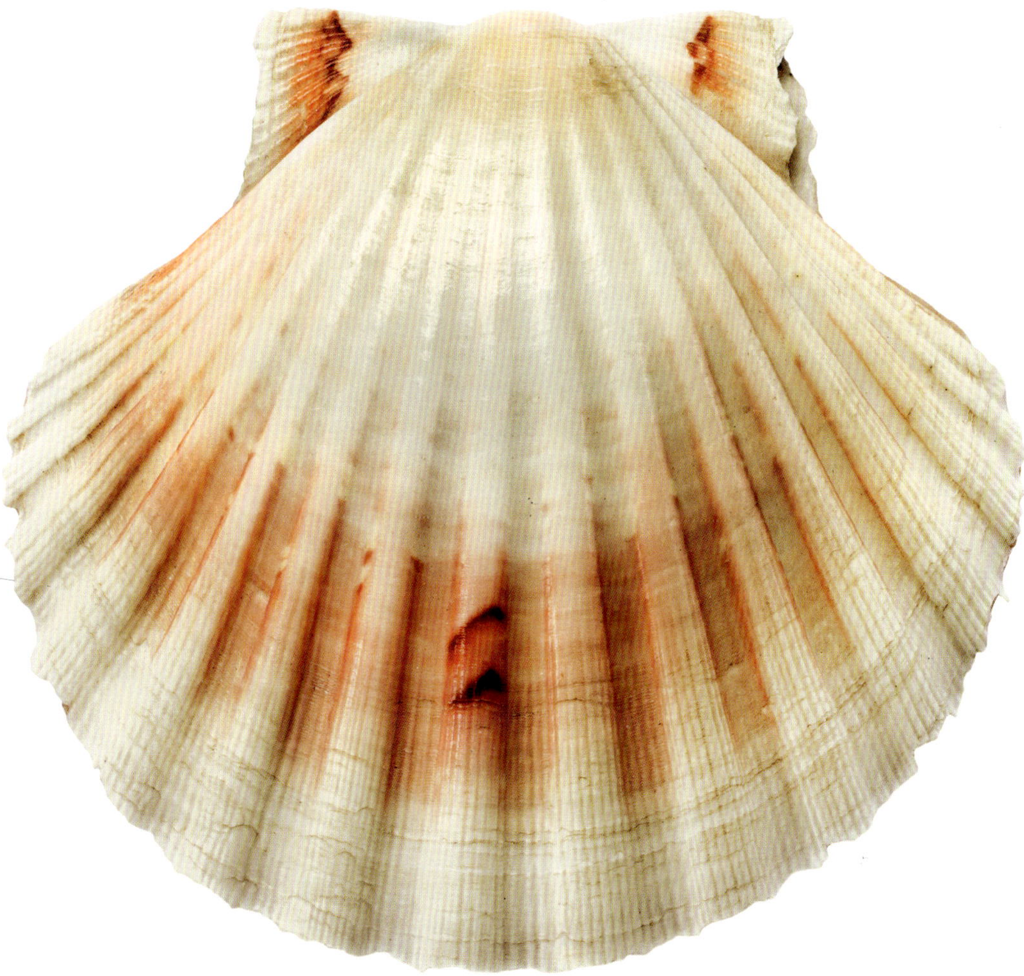

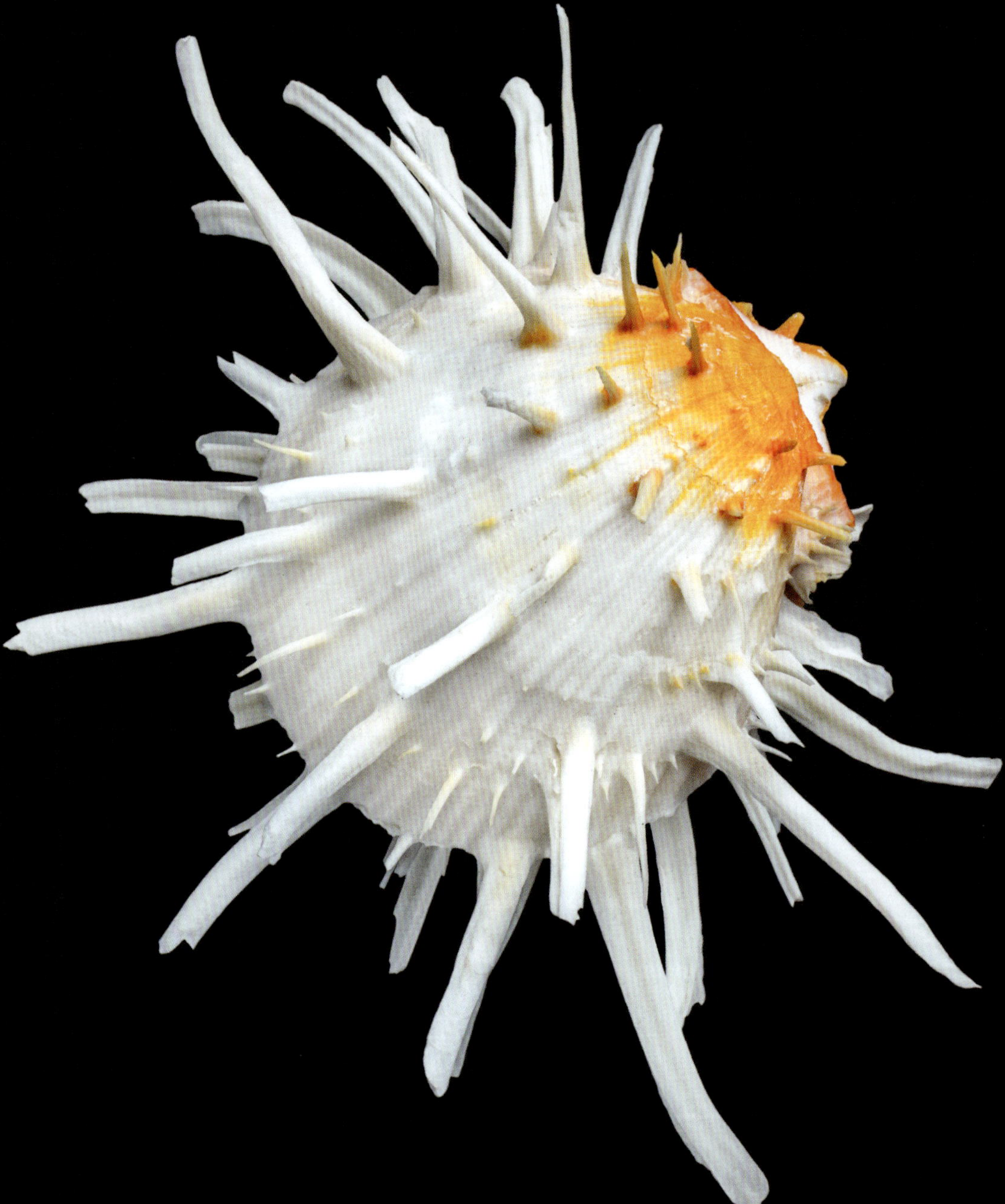

美国海菊蛤

Spondylus americanus

海菊蛤是滤食性双壳类,在世界各地的海洋温暖水域中均有分布。其英文名 thorny oyster 的意思是"多刺的牡蛎"。它们把右边的外壳永久性地粘在海水中的石头或是墩柱上,在其后的生长过程中,其外壳形状会因为适应所处的空间而发生改变,因此同种的海菊蛤往往形状差别很大。海菊蛤外壳上有很多棘刺,在棘刺中间经常覆盖着海藻、海绵或是珊瑚,形成一个极小的生态环境,同时也是一个极佳的伪装保护。海菊蛤的颜色很丰富,其外壳上的棘刺可以有效抵御掠食者。

分布
美国北卡罗来纳州至巴西

尺寸
15 厘米

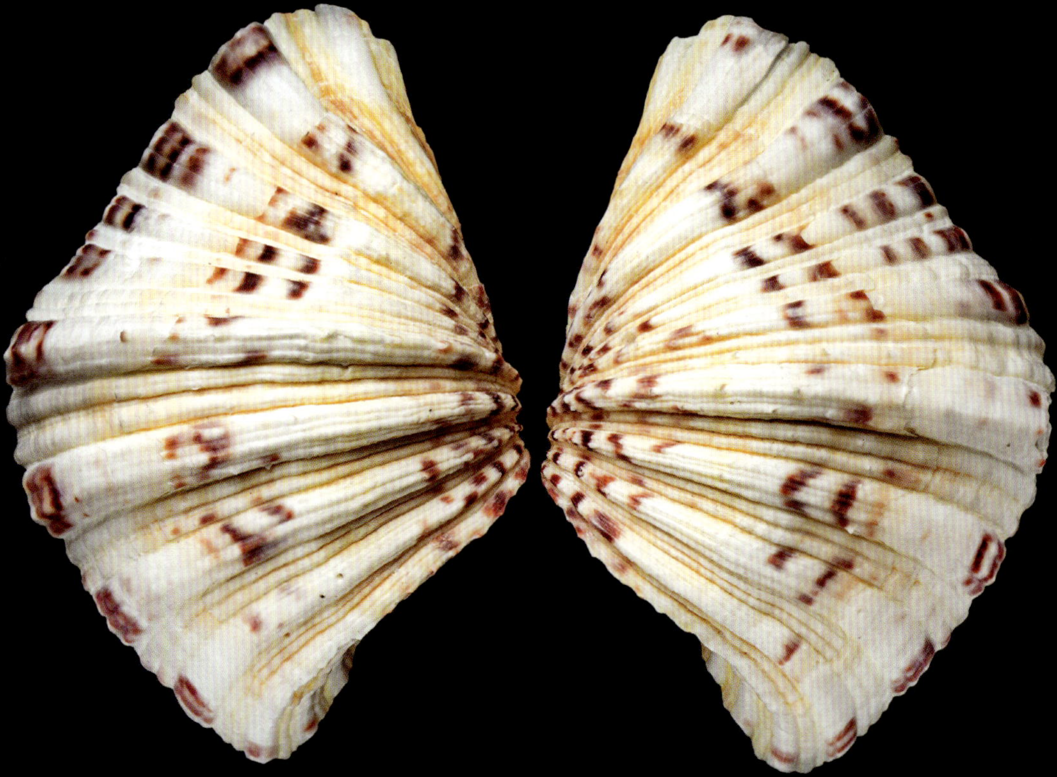

菱砗磲蛤（砗蠔）

Hippopus hippopus

菱砗磲蛤（砗蠔）是一种大砗磲，生活在热带印度洋太平洋海域，栖息在珊瑚礁和近礁环境的浅水区，最深约6米。其外壳很厚，有隆起的白色放射状肋，肋上有略带红色的带状纹。未成年的菱砗磲蛤会用足丝像锚一样将壳体固定在海床上，但当个体长大到一定程度时，就不再有足丝，可以自由移动，这一点与其他的砗磲不同。虽然菱砗磲蛤受到各国法律和国际法的保护，但是在亚洲太平洋地区的一些国家还是会被采集来作为食物和工艺品出售，因此其种群数量不断减少，在部分国家已经灭绝。

分布
热带印度洋至西太平洋

尺寸
13.5 厘米

椭圆满月蛤
Codakia orbicularis

满月蛤是一种分布广泛的海洋贝类，热带地区更为多见，生活于潮间带的海底，最深约 2500 米。满月蛤是化能共生双壳贝类，它们的鳃中有与它们共栖的化能合成细菌，这种细菌能将硫化氢等无机分子转化成有机化合物，从而为宿主提供生存所必需的营养。由于这些细菌具备转化硫化物和甲烷的能力，因此这种共生关系让满月蛤有了探索特殊栖息地的可能，如硫化物和甲烷富集的深海热液喷口和烃泉。此外，满月蛤也会在泥地、沙地、红树林沼泽甚至近海垃圾堆积点等缺氧地域寻找和转化硫化物。满月蛤家族大约有 450 个成员，图中的这种椭圆满月蛤是其中之一，分布在从美国佛罗里达到巴西的海域。它们钻进海草覆盖着的沙地里，厚厚的白色外壳上布满细密的生长纹。

分布

美国东南部至巴西

尺寸

6.5 厘米

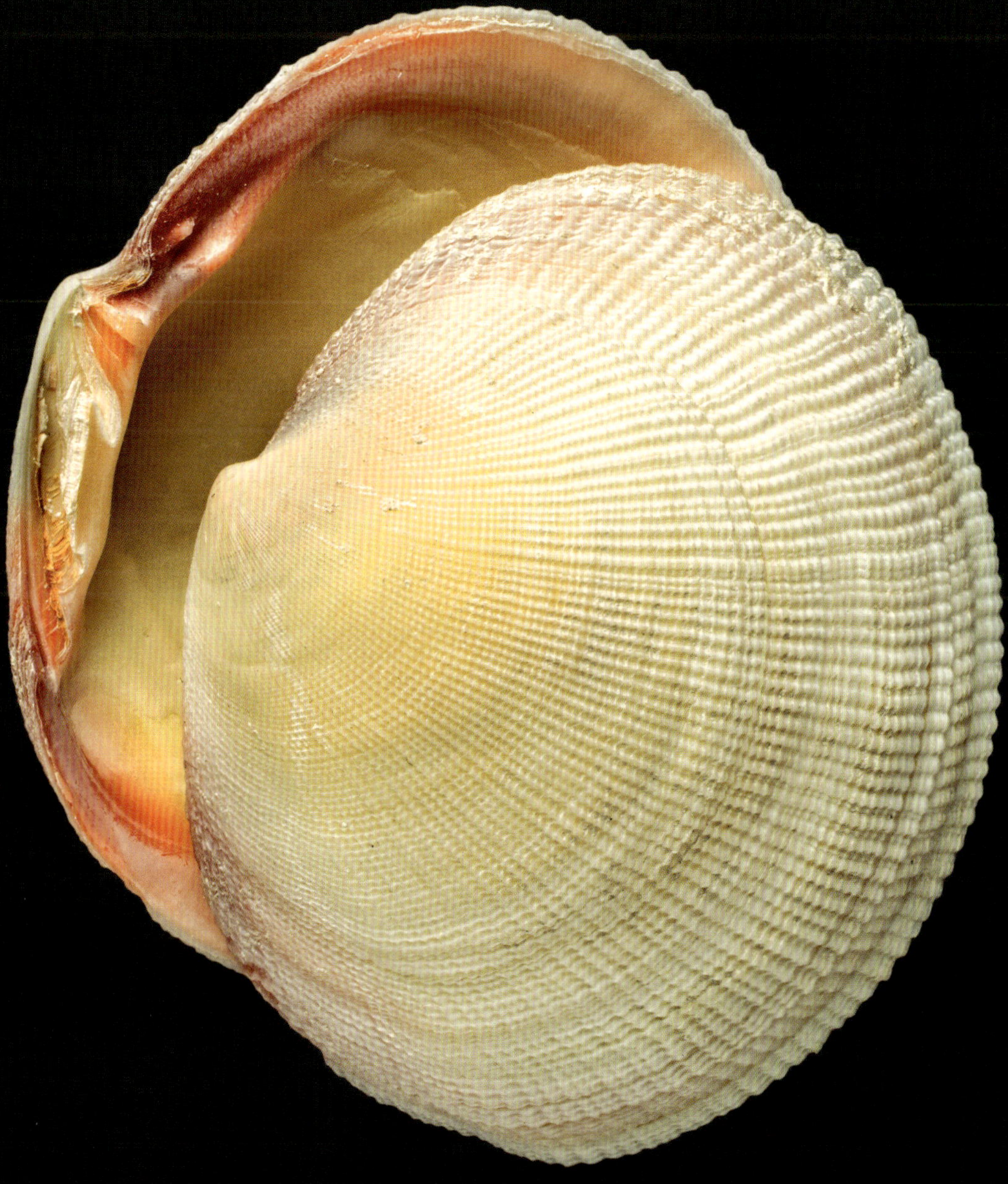

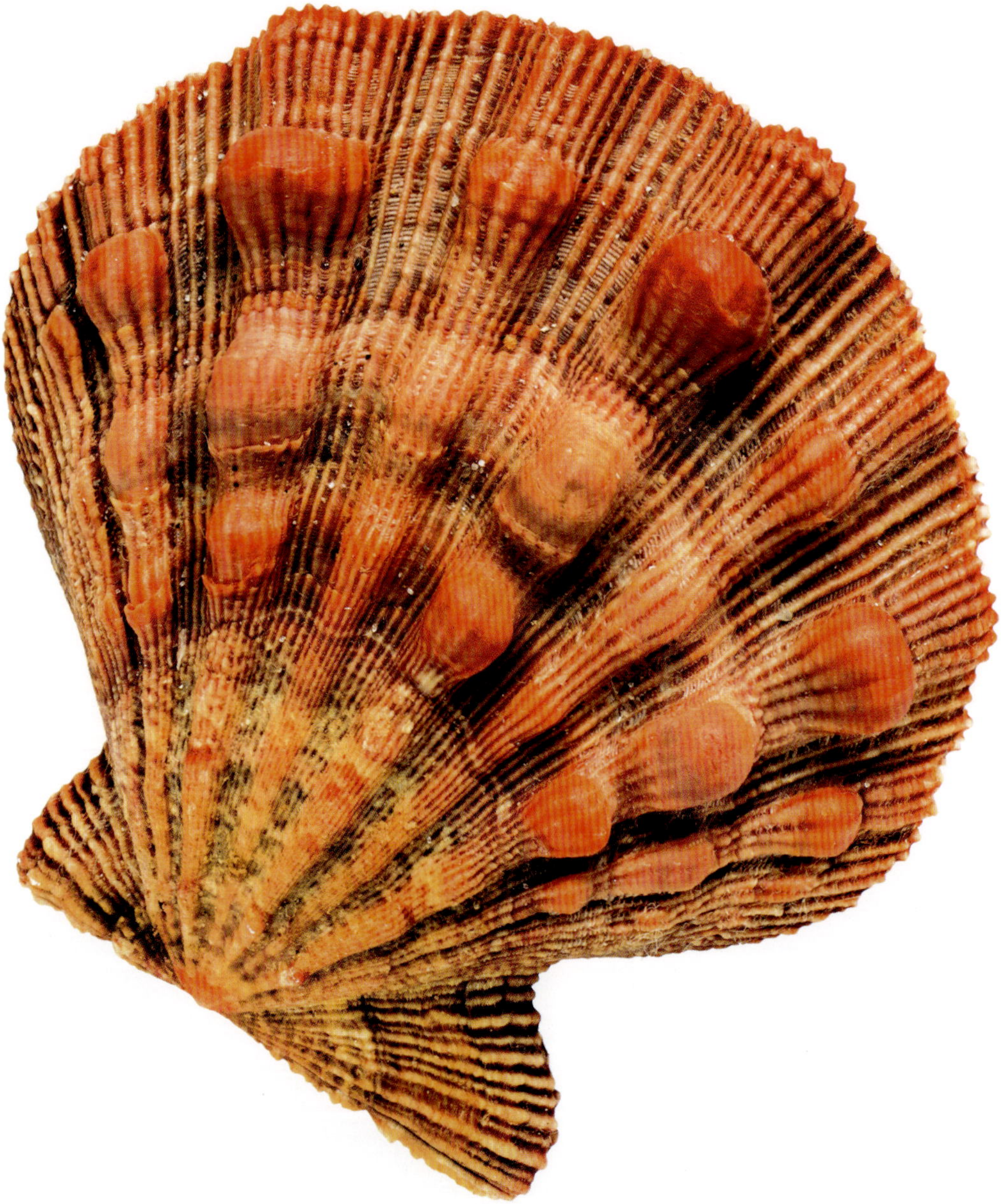

狮爪海扇蛤
Nodipecten nodosus

软体动物的眼睛差异很大，最简单的如有些笠螺，只有色素杯状眼点，最复杂的如部分头足类软体动物，其眼睛功能堪比照相机，甚至和人眼相差无几。在双壳类成员里，扇贝的视觉最敏锐，在它们外套膜边缘上分布着多达 200 个发育完善的小眼睛。当然，其视物的方式和包括人类在内的绝大部分动物不同。它们的每一个小眼睛内部都有一个极小的凹面镜，用于汇聚光线，而且能够感知光线的移动和强度的细微变化，或许扇贝以此判断是否有掠食者正偷偷接近，比如海星、章鱼或是某些海螺。当海水因为布满微小的海藻或是其他有机物颗粒而变得浑浊时，扇贝也可以"看"到，因为这是它们赖以生存的食物来源。

分布
加勒比海至巴西，以及西非热带地区
尺寸
8 厘米

大砗磲

Tridacna gigas

  大砗磲是双壳类软体动物中最大的，体长可达 1.2 米；其外壳也是现存软体动物中最重的，可达 300 千克。大砗磲以浮游生物为食，但也从生活在砗磲身上的共生藻类中获得营养。藻类从阳光中吸收能量，转化成营养成分并与宿主共享。这些营养成分包括糖和蛋白质，正是这些营养成分的供给使得大砗磲能够长成巨无霸。作为回报，大砗磲为藻类提供安全的生存场所。正是由于共生藻类的存在，大砗磲的外套膜色彩明亮，而且各不相同。由于过度捕捞，大砗磲在很多海域已经极少见到，不过出于减少野外捕捞的目的以及食用需求，很多国家已经开展了砗磲的商业化养殖。

分布

印度洋 – 太平洋海域

尺寸

31 厘米

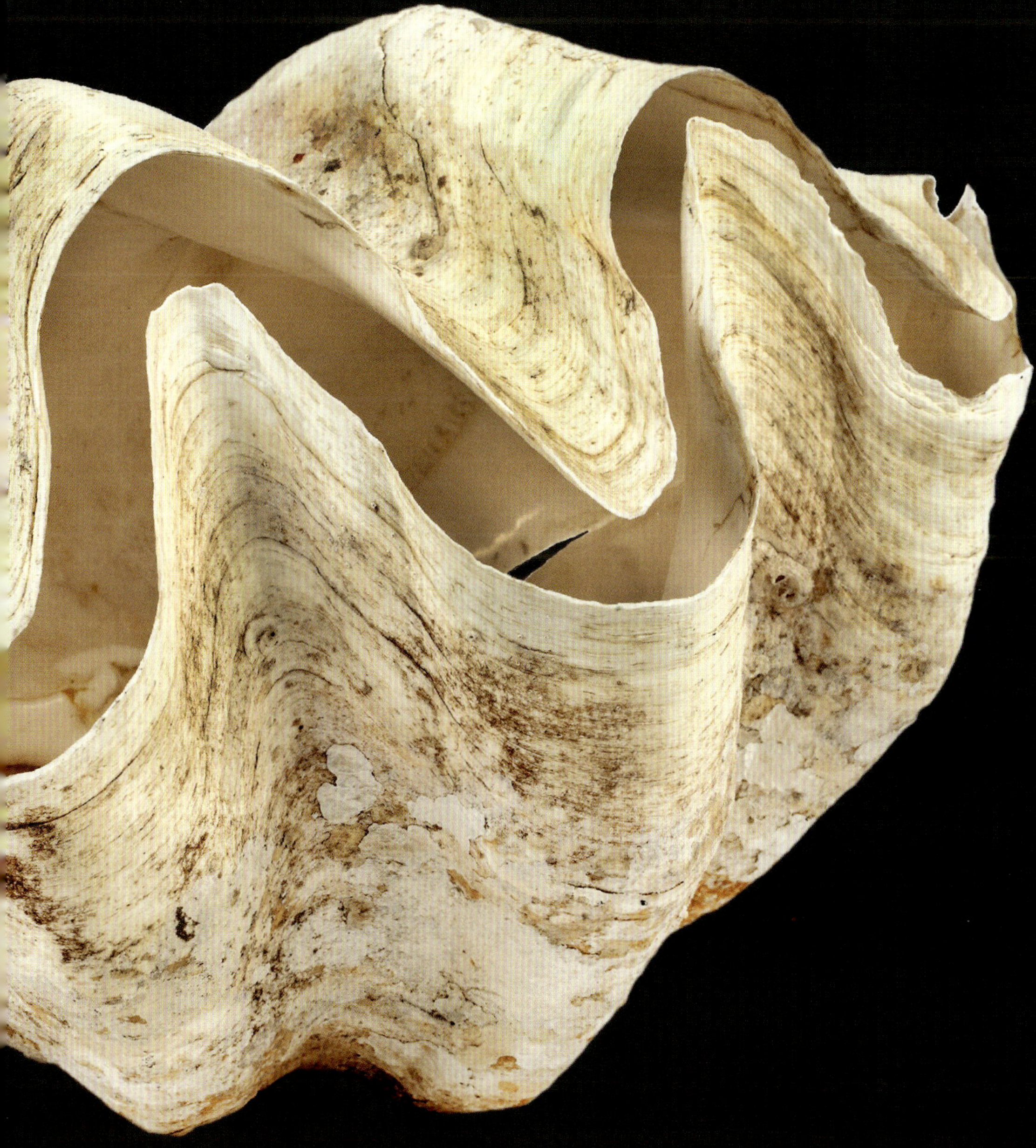

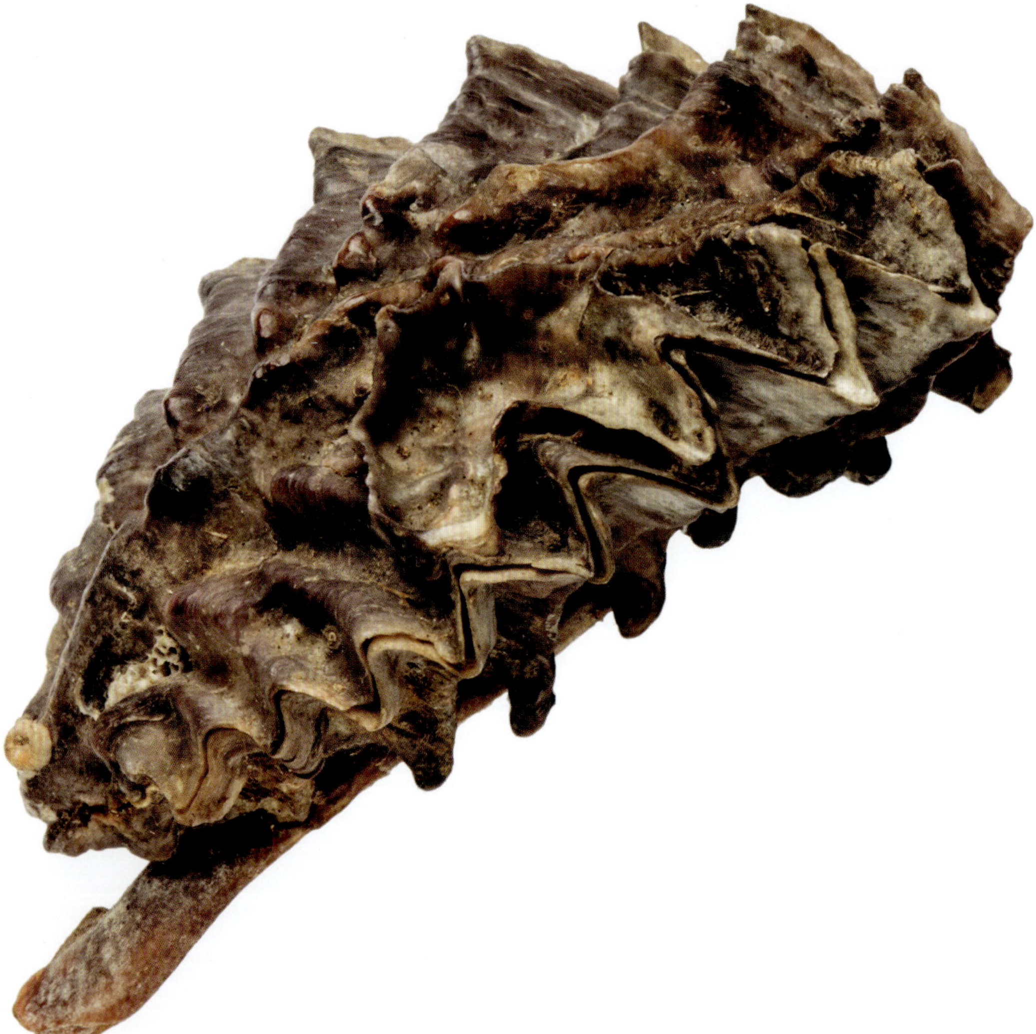

鸡冠牡蛎

Dendostrea frons

鸡冠牡蛎是一种小型双壳类，通常附着在柳珊瑚、软体珊瑚、礁石及其他硬质基质上。它们的外壳形状取决于其所依附的基质的表面形状，因此差异很大。如果是附着在柳珊瑚上，那么就会长得较为细长，而且其左边的壳上会形成一个叫作环扣的爪状突起，用于牢牢抓住珊瑚。如果是附着在岩石上，那么其外壳就呈椭圆形。鸡冠牡蛎属于牡蛎科，这一科的贝类都可以食用。

分布

美国北卡罗来纳至巴西

尺寸

6 厘米

褶纹冠蚌（鸡冠蚌）

Cristaria plicata

据史料证明，世界上最早的人工珍珠培育发生在公元前 5 世纪的中国。人们在淡水珍珠贻贝的身体和外壳之间置入一个非常小的异物（通常由象牙、陶瓷、贝壳、铅粒或黏土等物质制成），这些异物的形状有球形、心形和鱼形等，不过最常见的是做成小佛像的形状。然后，这些贻贝会被放回到水中。大约一年后，贝壳被重新打开，原先置入的那个小物体的外表面已经覆盖上薄薄的一层珍珠母，发出诱人的光泽。然后，这个已经珍珠化的小物件将会从贝壳中被取出，在商店里出售。珍珠养殖传统至今仍在延续，图中这种淡水贻贝仍然是中国最重要的育珠蚌品种之一。

分布
中国、日本及越南

尺寸
7 厘米

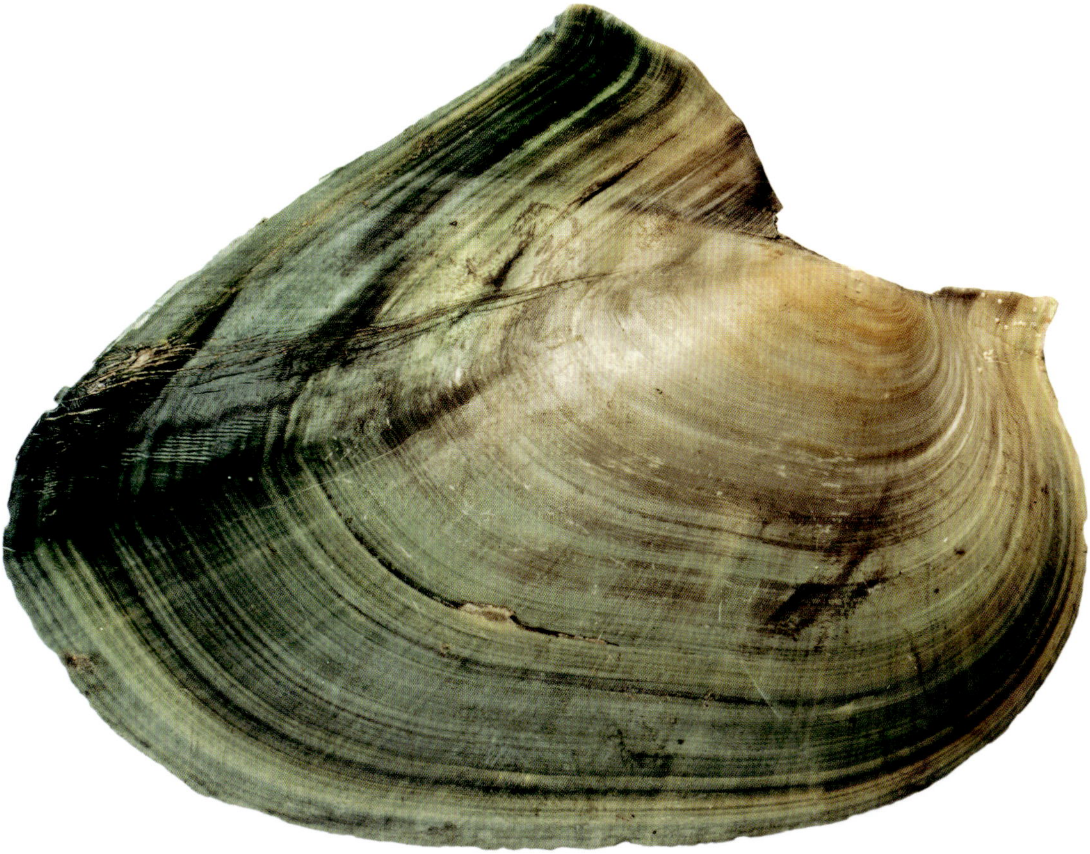

龙王同心蛤

Glossus humanus

龙王同心蛤[1]是一种分布在欧洲海域的双壳类,主要生活在欧洲和北非大西洋海岸线外 7 ~ 250 米海底深处,其身体有一半埋在柔软的泥沙中。它们是滤食性动物,用鳃过滤水中的浮游生物和其他微小颗粒为食。它的外壳形状比较特别,两瓣外壳的顶端都有一个类似腹足类外壳的螺旋。从侧面看,它的形状与心脏非常类似,因而通常被称为牛心蛤或心蛤。其贝壳的外层是角质层,通常为深棕色或橄榄绿色,经常覆盖着短毛状结构;内层为米色或浅橙色,有放射状细纹。

分布

挪威至地中海

尺寸

6.5 厘米

---

[1] 英文名 ox heart clam 的意思是牛心蛤,译者注。

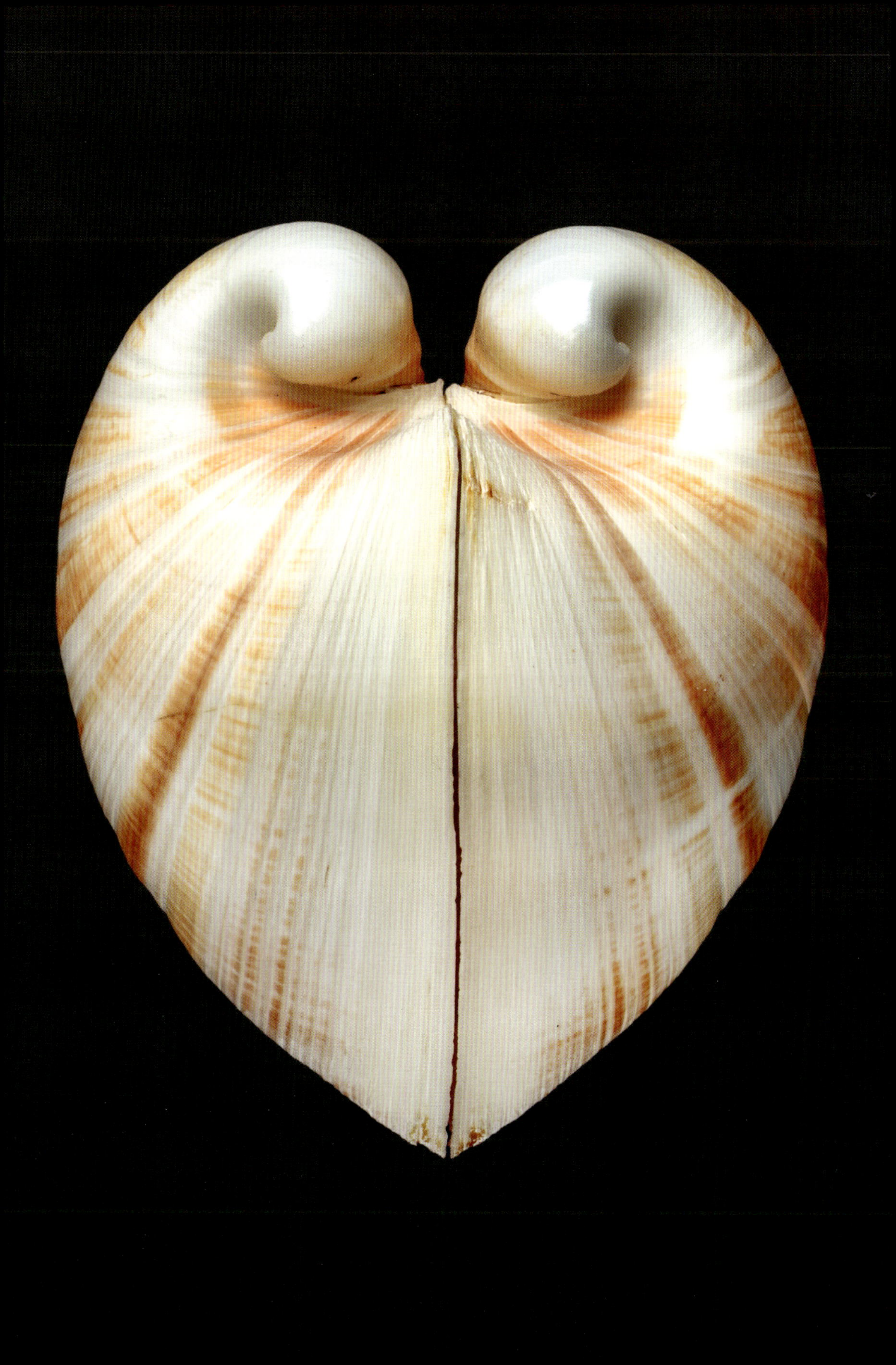

女王海扇蛤

Aequipecten opercularis

能游泳的双壳类软体动物不多，而女王海扇蛤就是其中之一，在受到捕食者的威胁时，它可以快速逃跑。女王海扇蛤将贝壳张开，向外套腔中注满水，然后通过收缩其强劲有力的闭壳肌关闭贝壳，将水喷射出去。贝壳持续、快速地打开和关闭能够推动扇贝不停移动，而且在贝壳关闭时，扇贝可以通过外套膜控制水流喷出的角度，从而控制其运动方向。

分布

东大西洋和地中海

尺寸

5.5 厘米

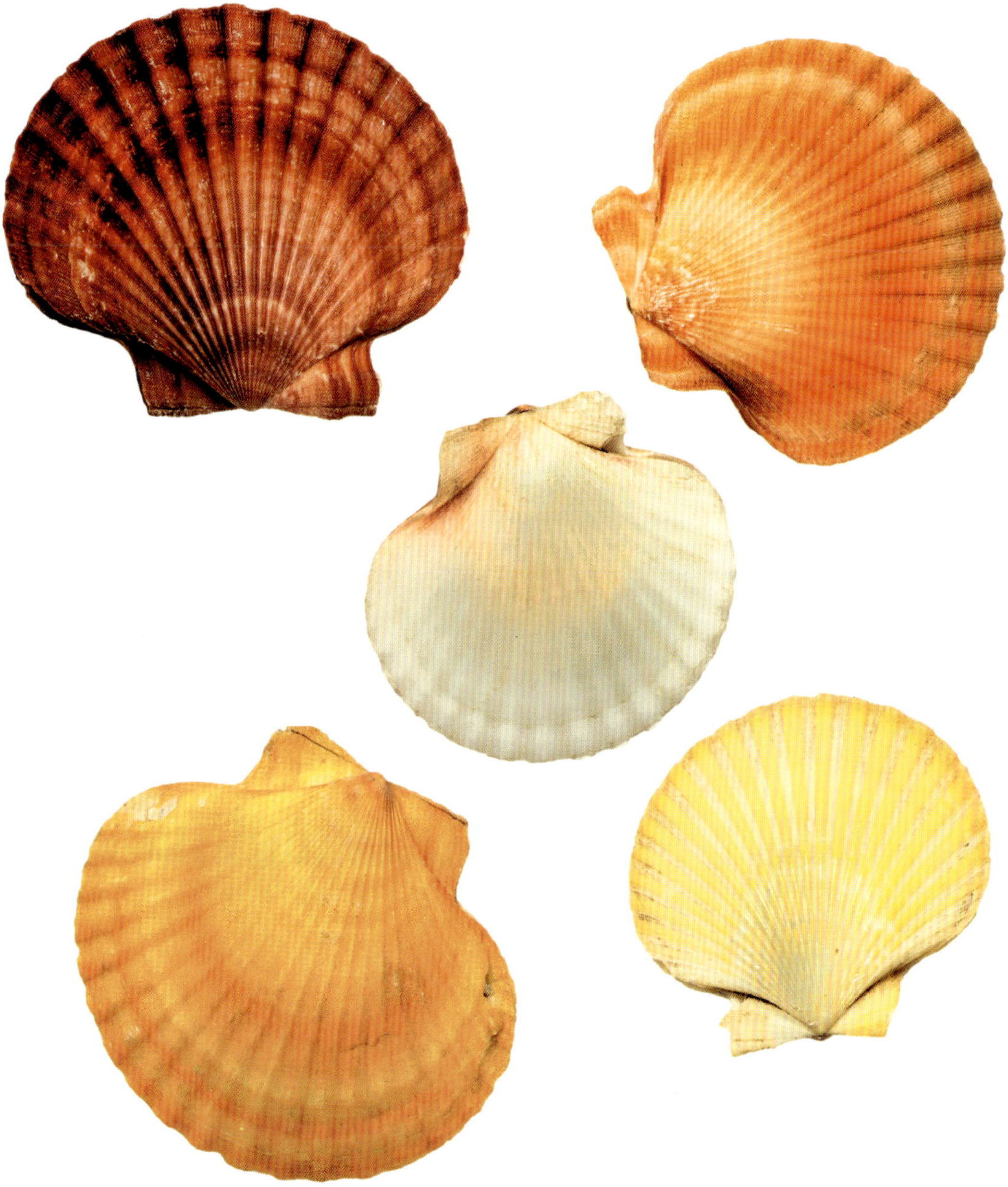

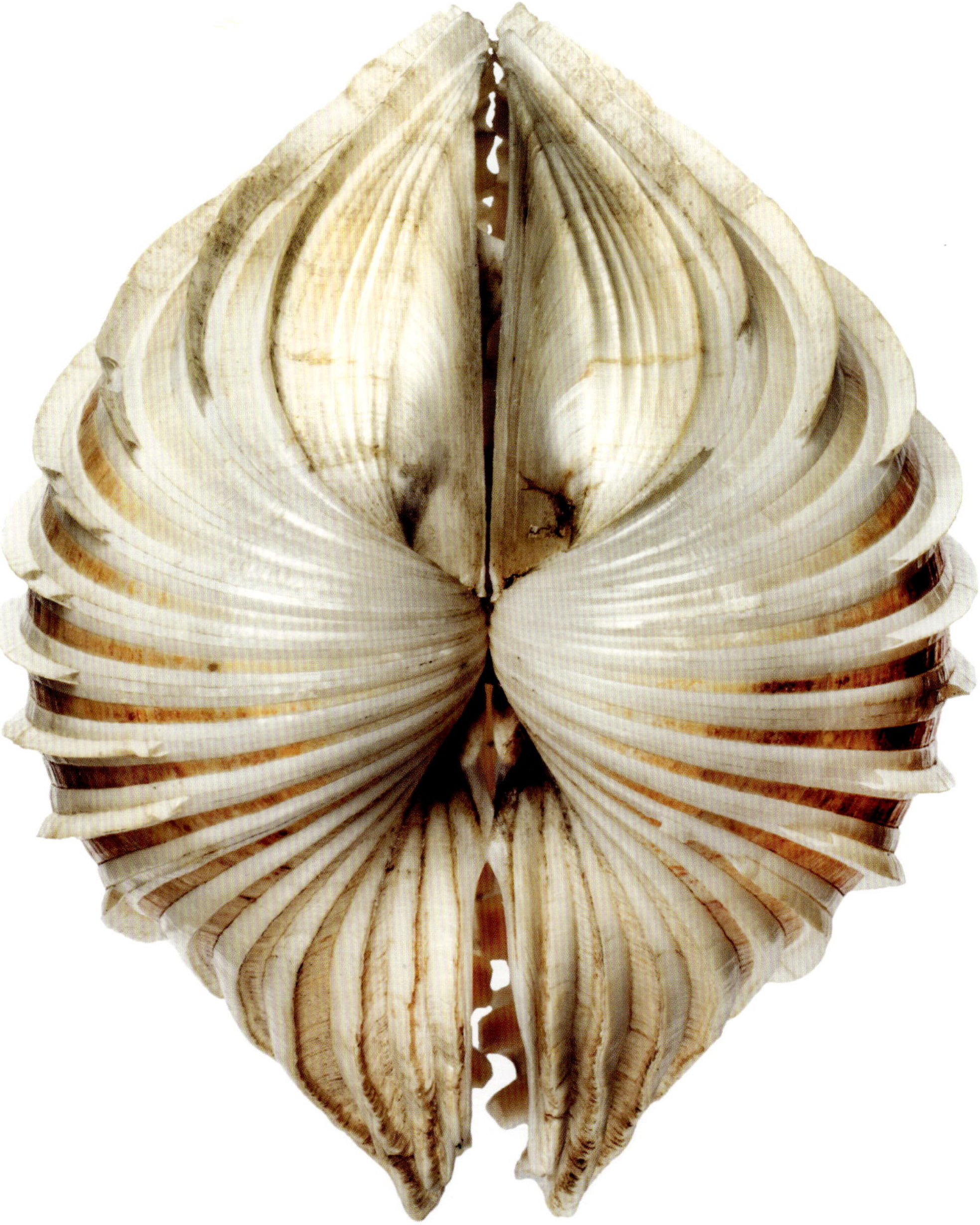

女神鸟尾蛤
Cardium costatum

女神鸟尾蛤非常漂亮，其外壳上有隆起的放射状肋，极具辨识度。其外壳饱满，壳质薄，壳体白色，放射状肋间有黄褐色的自然色泽。这是西非海岸最具代表性的物种之一，它们生活在半封闭型海湾以及开放的海岸沿线。有时候，一场风暴之后，上千只女神鸟尾蛤会被冲上海滩。鸟蛤科的物种很多，分布于世界各地海域的浅海泥沙地上，它们将大而有力的足部压在地面，然后迅速伸直将自己弹开，用这种方式实现跳跃移动。

分布

塞内加尔至安哥拉

尺寸

5.5 厘米

蛋糕帘蛤

Bassina disjecta

蛋糕帘蛤的外壳美丽而独特，有数条同心生长轮肋。其外壳主要为白色，轮肋下部呈粉红色。与大多数双壳类一样，蛋糕帘蛤也是滤食性的，以悬浮在周围水中的微小有机物颗粒为食。它们通过一对很短的虹吸管将海水吸进体内，水中微小的有机物颗粒会被鳃上覆盖着的黏液捕获，随后其鳃上无数毛发状的纤毛通过波浪状的移动将这些食物从鳃送到口中。

分布

澳大利亚新南威尔士州至澳大利亚南部

尺寸

6厘米

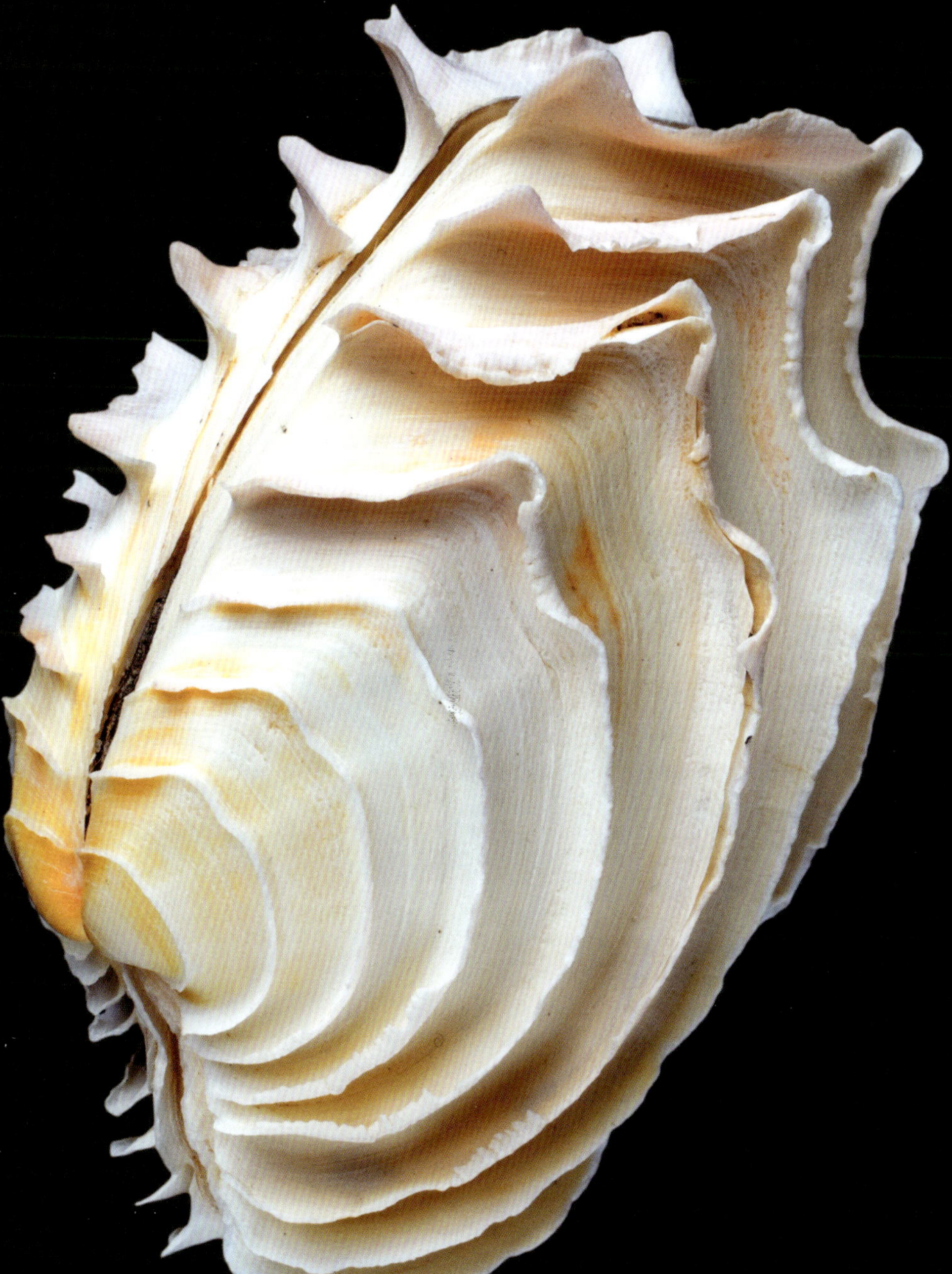

云母海月蛤
Placuna placenta

云母海月蛤是双壳类中外壳最为扁平的成员之一，它们的两片壳几乎紧贴，其身体主要位于右壳的狭小空间内。在热带印度洋至西太平洋的平静的潟湖、海湾、红树林以及泥质海底，都能见到大量的云母海月蛤。它们主要以浮游生物和有机物腐质为食，贝壳薄而易碎，半透明，有珍珠光泽，外形近似圆形。它们的常用名"窗贝"来源于其特殊用途——亚洲的许多国家一直将云母海月蛤的贝壳作为窗户玻璃使用。在菲律宾，我们至今仍然可以在一些旧房子的窗户上看到它们。在那里，人们大量捕捞云母海月蛤，将它们制成屏风、灯罩和装饰品。

分布
热带印度 – 西太平洋
尺寸
15 厘米

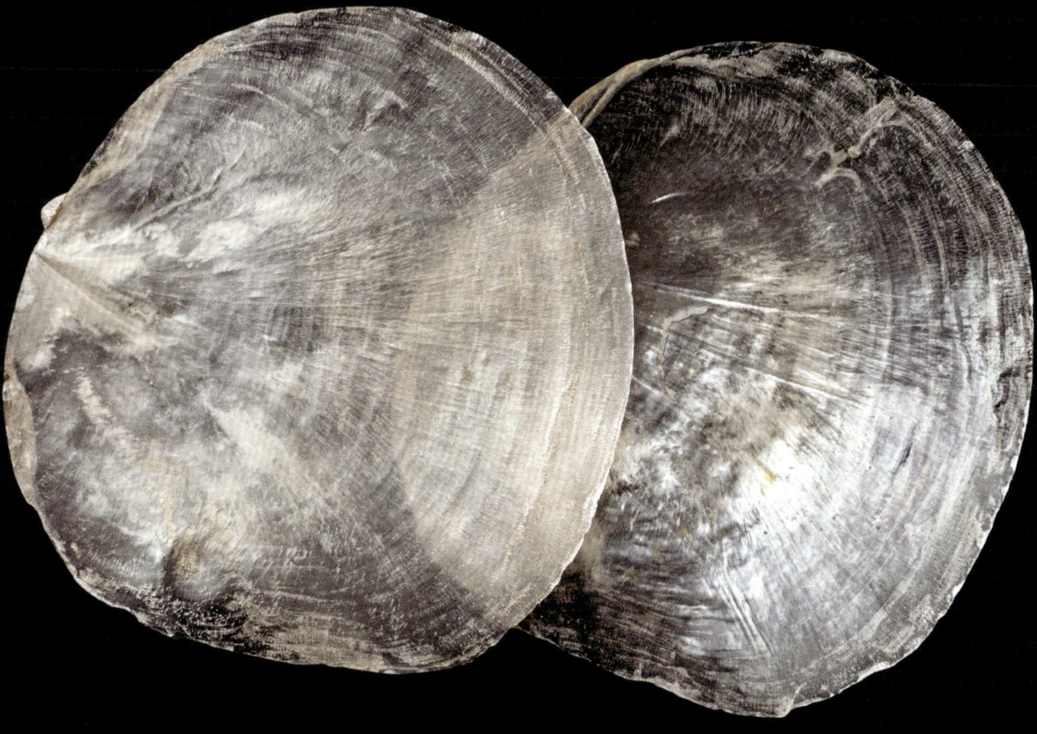

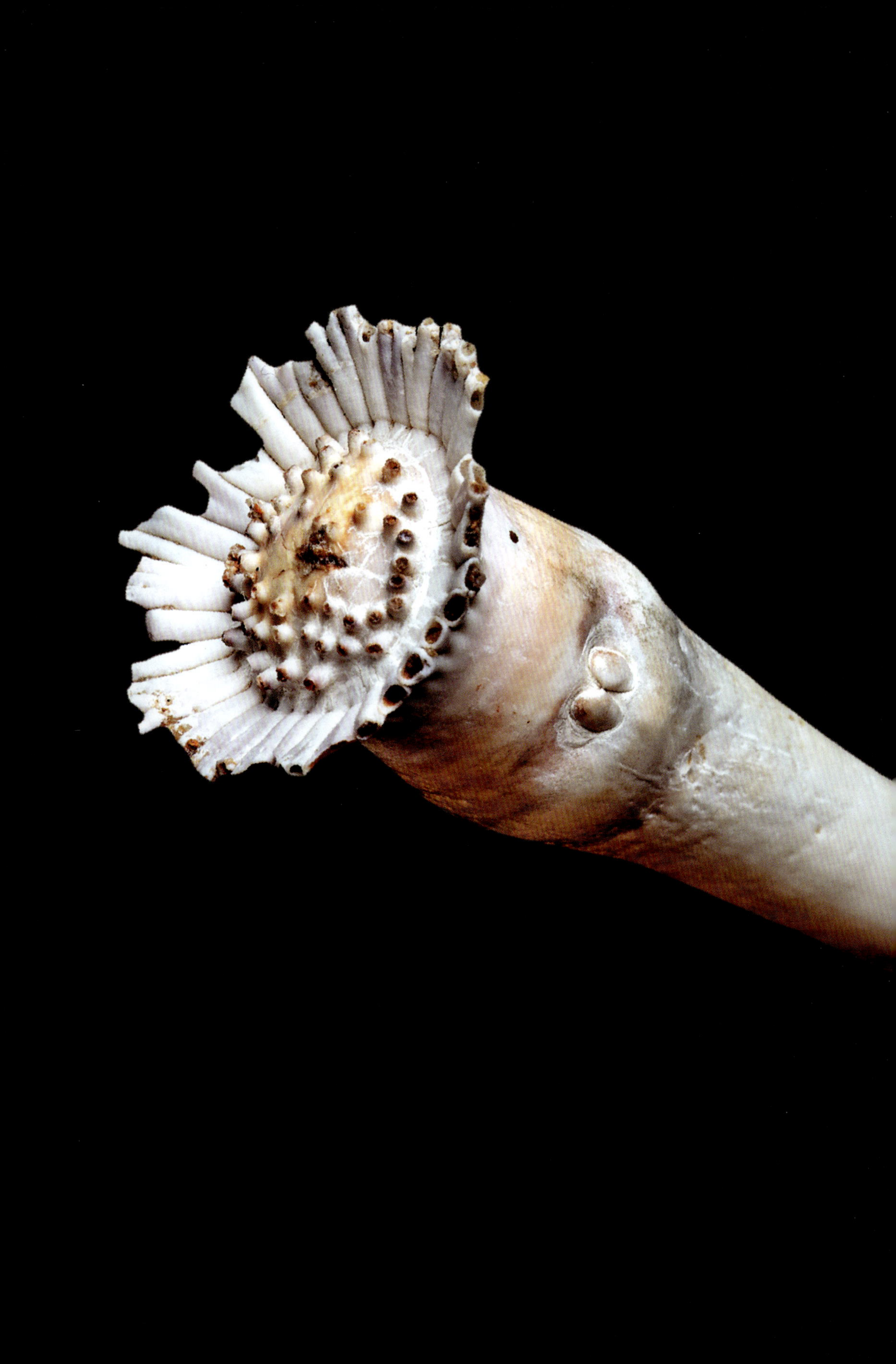

天柱滤管蛤

Verpa penis

　　天柱滤管蛤是一种非常独特的软体动物。在发育的早期阶段，它们和其他双壳类软体动物一样都有两片外壳，但当其进一步生长时，它用分泌出的物质形成一个覆盖整个身体的钙质长管。管的前端是一个看起来像喷壶滤嘴的奇怪结构，这也是它得名滤管蛤的原因。滤嘴端掩埋在柔软的泥沙中，较为狭窄的开口端则露出海床表面。天柱滤管蛤是滤食性动物，主要生活在热带印度洋太平洋的浅海区。全球目前已知的该科成员有 15 种。

分布

印度洋 – 西太平洋

尺寸

8 厘米

锯齿牡蛎

Lopha cristagalli

有一些双壳贝类的壳薄而易碎，但也有一些成员的外壳厚而结实，图中这种锯齿牡蛎就属于后者。锯齿牡蛎两瓣外壳的边缘铰接在一起，它们能够快速安全地关闭外壳，以保护自己免受捕食者的侵害。由于这个原因，在大多数情况下，双壳类的两瓣贝壳边缘是完全匹配的，因此在关闭时能做到完全密封。锯齿牡蛎外壳的独特之处在于，其外壳边缘处有多个锐角形的褶皱，看起来很像锯齿，因而得名锯齿牡蛎（鸡冠牡蛎）。[1] 它们生活在潮线下的浅水区域的水体底部，是滤食性的底栖动物，通常依附在岩石、珊瑚或其他基质上。

分布
印度洋 – 太平洋海域
地区
尺寸
8 厘米

---

[1] 英文名 Cock's comb 指鸡冠，译者注。

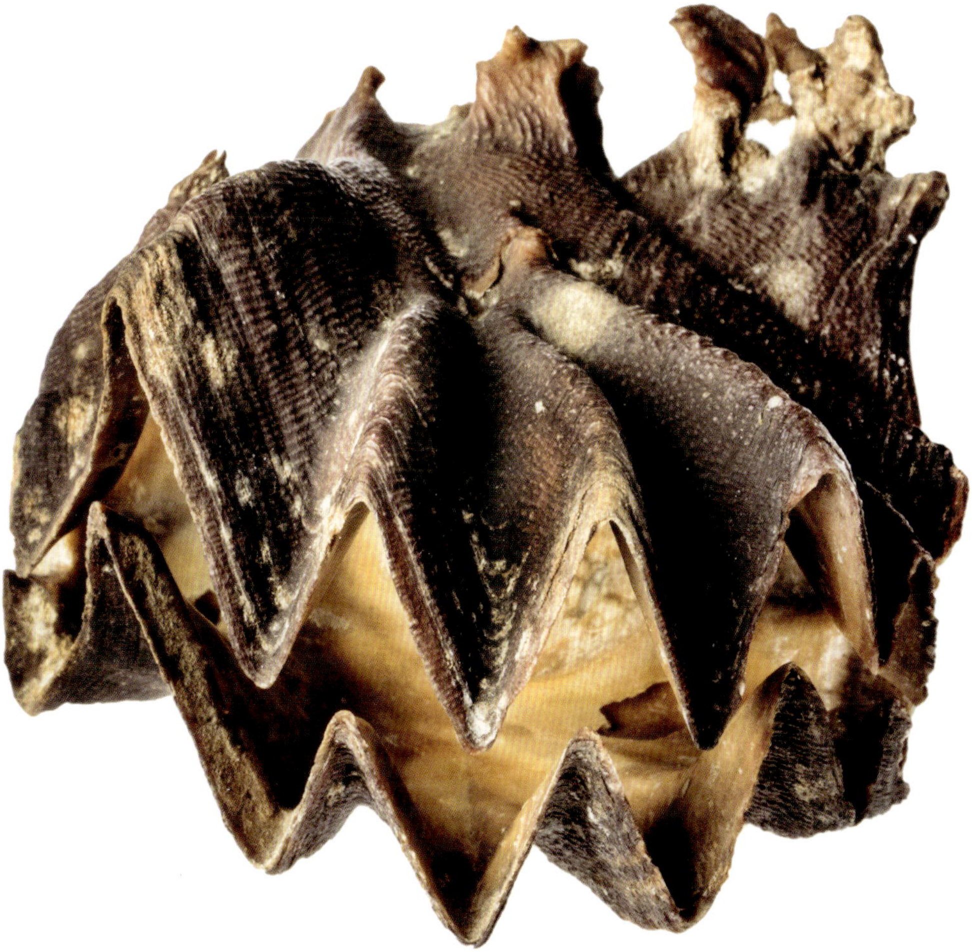

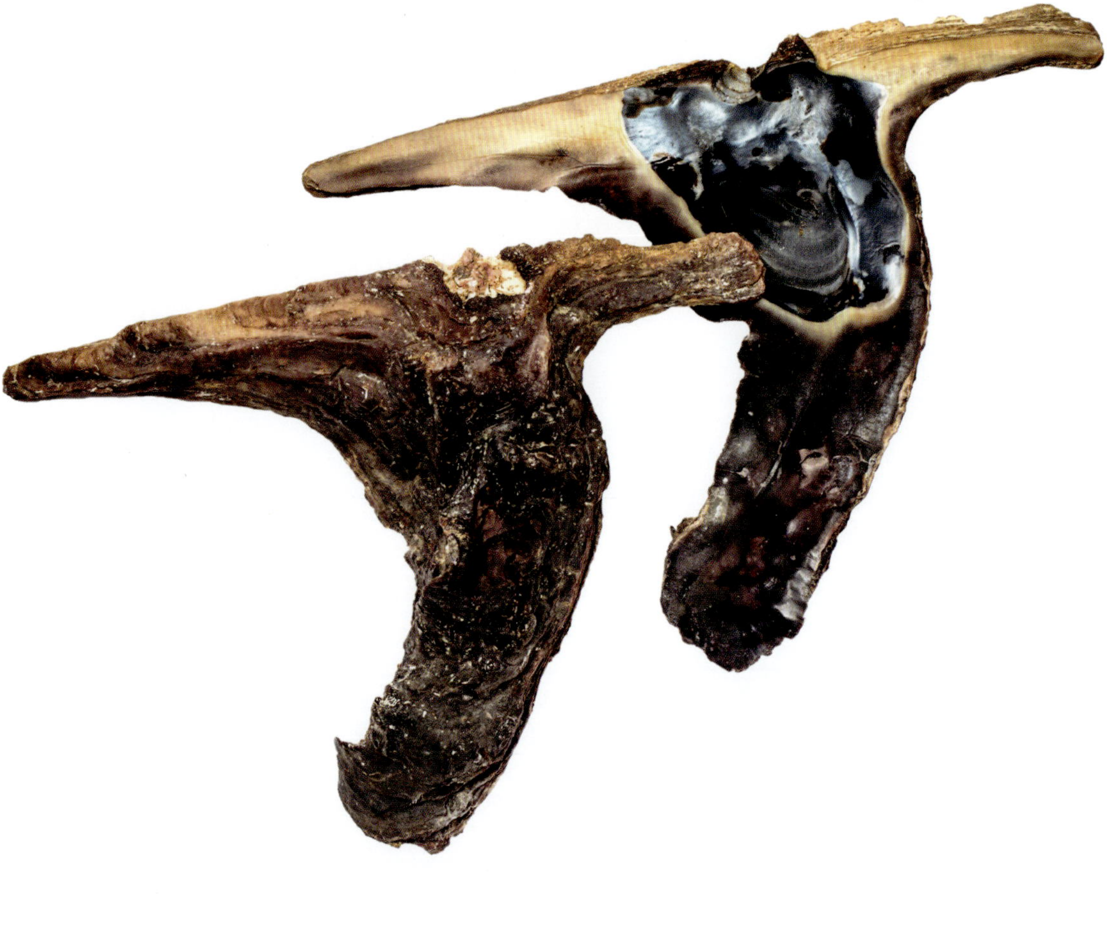

黑丁蛎

Malleus malleus

  黑丁蛎是 18 世纪的收藏家们梦寐以求的一种双壳贝类，它也是画家笔下的常客，往往与其他的贝壳和稀奇的小玩意一起出现在油画中。很显然，它们最吸引人的地方在于它们独特的与锤子相似的丁字外形。黑丁蛎生活在靠近珊瑚礁的浅水区，呈直立姿态，身体的一部分埋在粗砂或是砂质砾石里，用足丝将自己牢牢附着在基质上。它们的外壳上通常覆盖着厚厚的海藻、水草和其他有机物，而壳的内部，也就是保护黑丁蛎身体的内壳部分呈现出暗黑而斑斓的珍珠色。

分布

印度洋 - 太平洋海域

尺寸

19 厘米

长刺黄文蛤

Hysteroconcha lupanaria

长刺黄文蛤是外壳装饰最为美丽的帘蛤之一，它们的外壳底色为白色，上面散发出自然的紫色光芒，同时有两列细长笔直或是稍微弯曲的棘刺。在双壳贝类中，除了海菊蛤科外，外壳上有棘刺的成员极其罕见，而且，长刺黄文蛤的棘刺在所有双壳类成员中也是最长的。它们的棘刺与外壳几乎垂直，分布在虹吸管的外围，据推测有抵御猎食者的作用。它们是滤食性动物，生活在浅水区的泥沙基质上。

分布

下加利福尼亚（墨西哥西北部半岛）至秘鲁

尺寸

7.5 厘米（含棘刺长度）

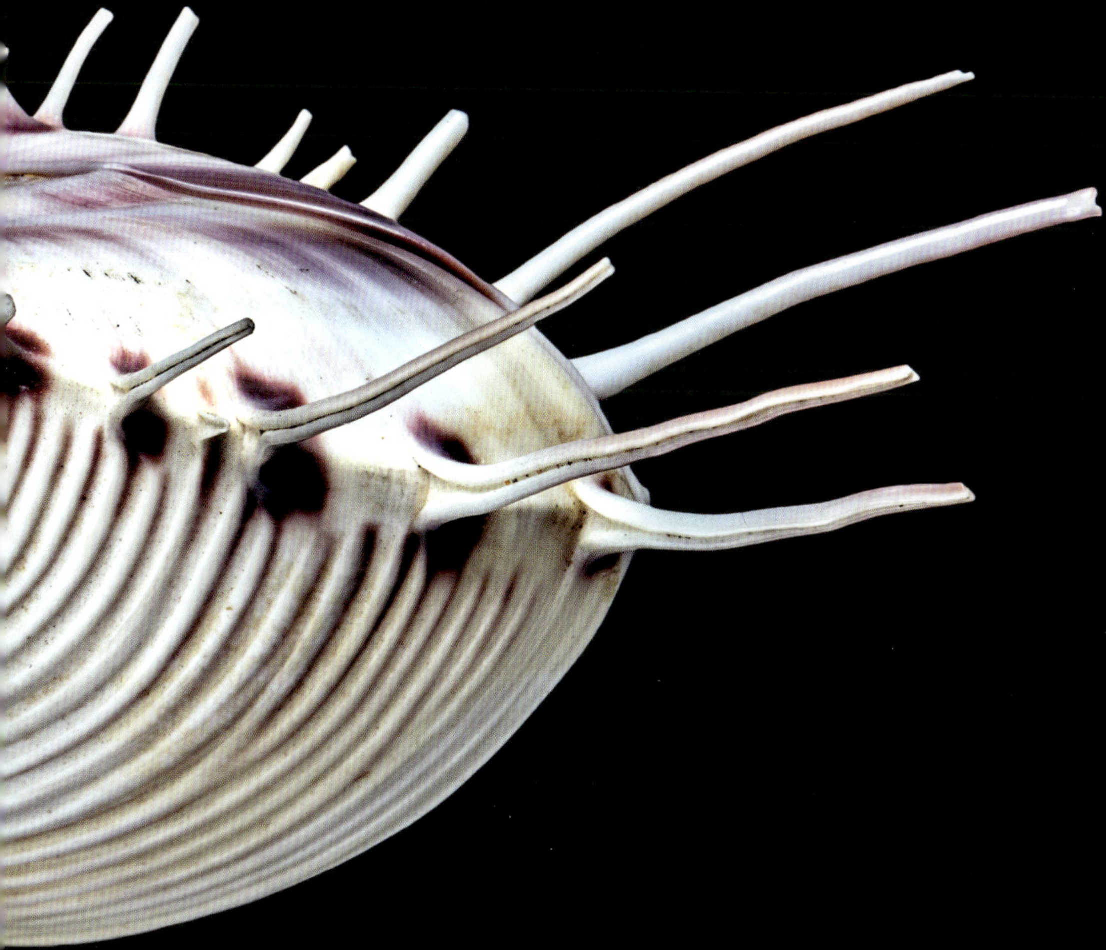

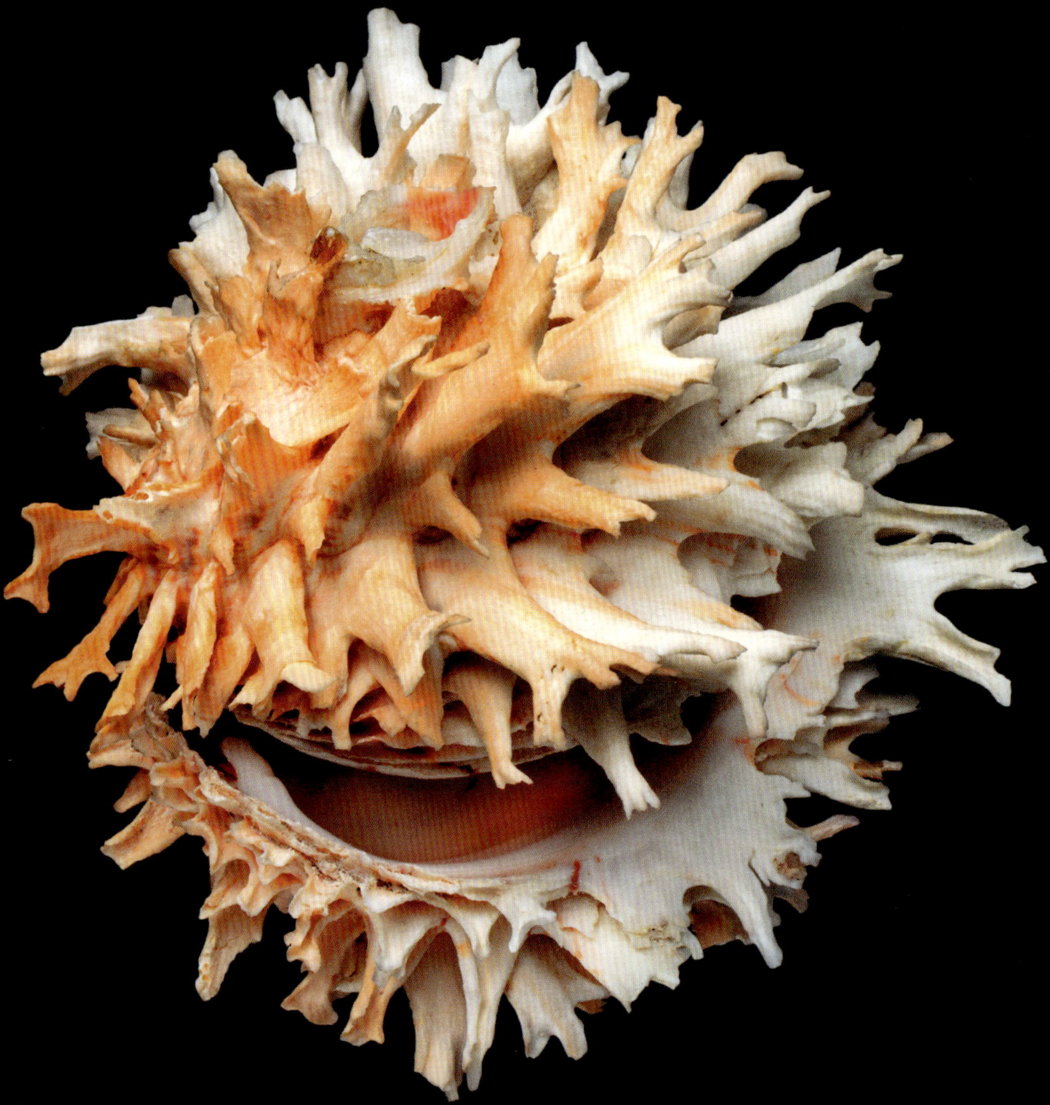

菊花猴头蛤

Chama lazarus

猴头蛤（偏口蛤）分布于世界各地的温带和热带水域，相对于其他双壳类贝类而言，猴头蛤科成员的数量相对较小。它们上部的外壳较小，像一个盖子盖在下部较大的壳上，形似猴头，因此得名猴头蛤[1]。它们生活在浅海区的清洁、温暖水域，将自己固定在珊瑚、礁石或其他贝壳等坚硬的基质上。菊花偏口蛤有细长的叶状棘刺，它们的棘刺可能是偏口蛤家族中最长的。棘刺增加了贝壳的有效体积，并为捕食有机生物提供了便利。偏口蛤贝壳的形状和颜色多变，有白色、黄色、红色、粉红色，也可以是多种颜色的组合。

分布
红海至印度－西太平洋

尺寸
8 厘米

---

[1] 其英文名 jewel box 的意思是首饰盒，或许是因为其上部的外壳像是盒盖的缘故，译者注。

秀峰文蛤

Lioconcha castrensis

秀峰文蛤的外壳极具辨识度，几乎不可能被认错。它们象牙色的外壳上布满了棕色或黑色的山峰斑纹。它们分布于整个印度洋－太平洋海域珊瑚礁区的浅水砂质海底。帘蛤目是双壳贝类中体形最大的类群之一，全球海域均有分布，形状和大小各异。它们是滤食性动物，通常情况下会钻入海底的沉积物中，只将虹吸管和外壳的上部边缘露出来，以过滤海水中的藻类和有机沉积物。

分布
红海至印度洋－太平洋海域

尺寸
5厘米

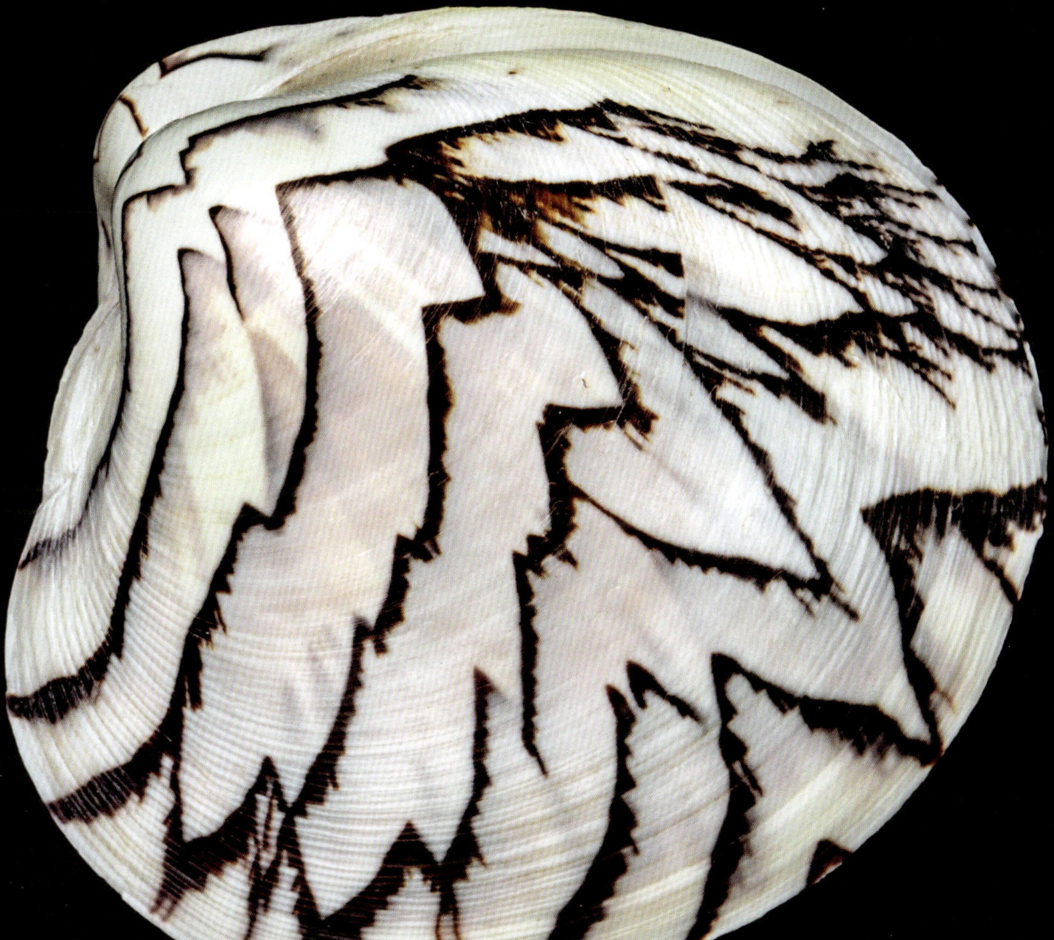

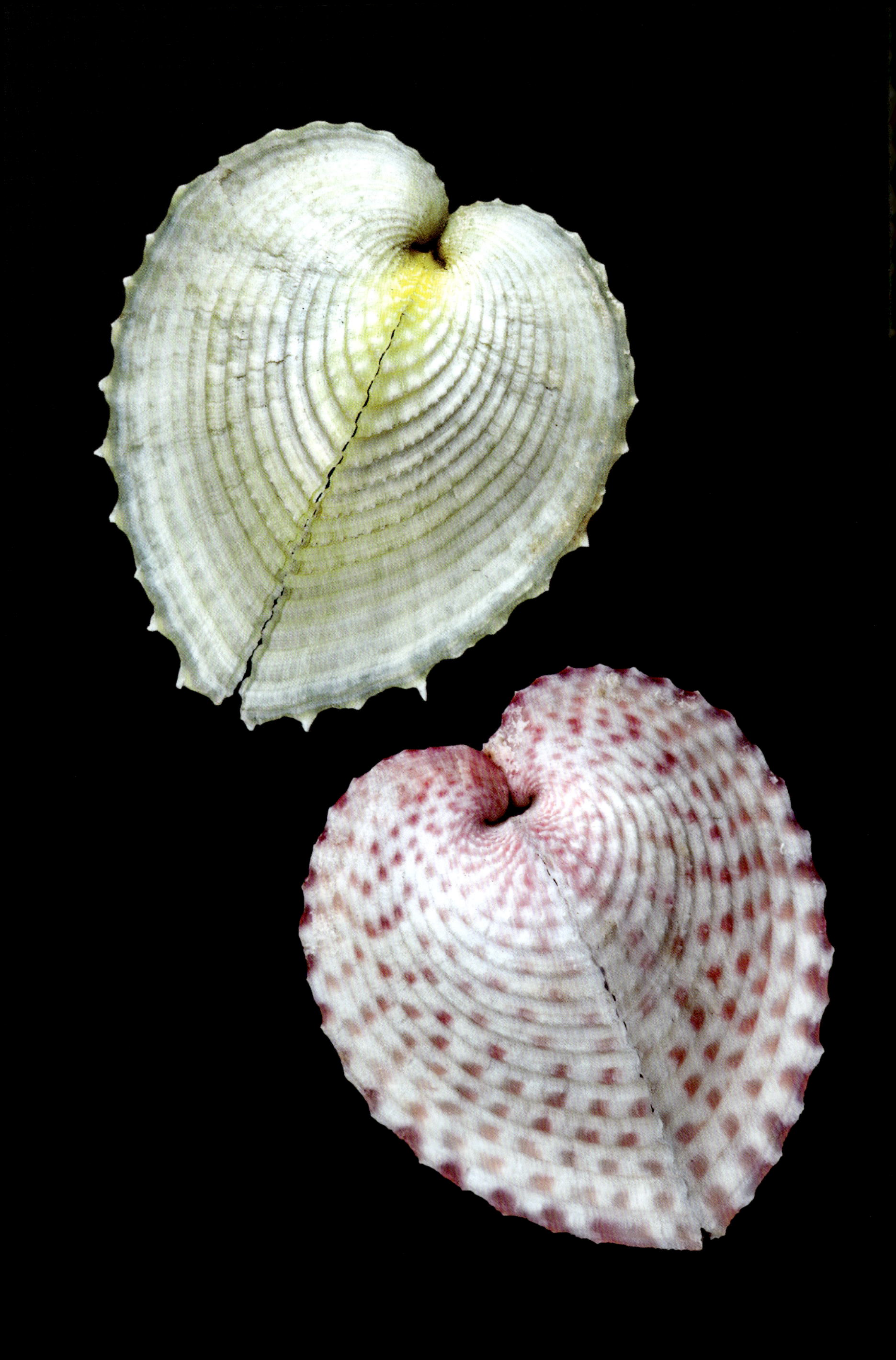

心鸟蛤（鸡心蛤）
Corculum cardissa

　　心鸟蛤的外壳呈心形，但是一面较凸，一面较为平坦。这是一种很常见的贝类，生活在靠近珊瑚礁的浅海区，外壳较平坦的那一面紧贴在海底的沙地上。和大砗磲一样，心鸟蛤也与生活在其身体组织中的藻类形成了共生关系，不同之处在于，大砗磲是将身体组织直接暴露在阳光下，而心鸟蛤的外壳比较薄，上面有类似窗口的半透明区域，阳光可以照射进来，心鸟蛤体内的藻类借此通过光合作用为宿主提供营养，同时自身也得以安全生存。

分布
红海至印度洋－太平洋海域

尺寸
4厘米

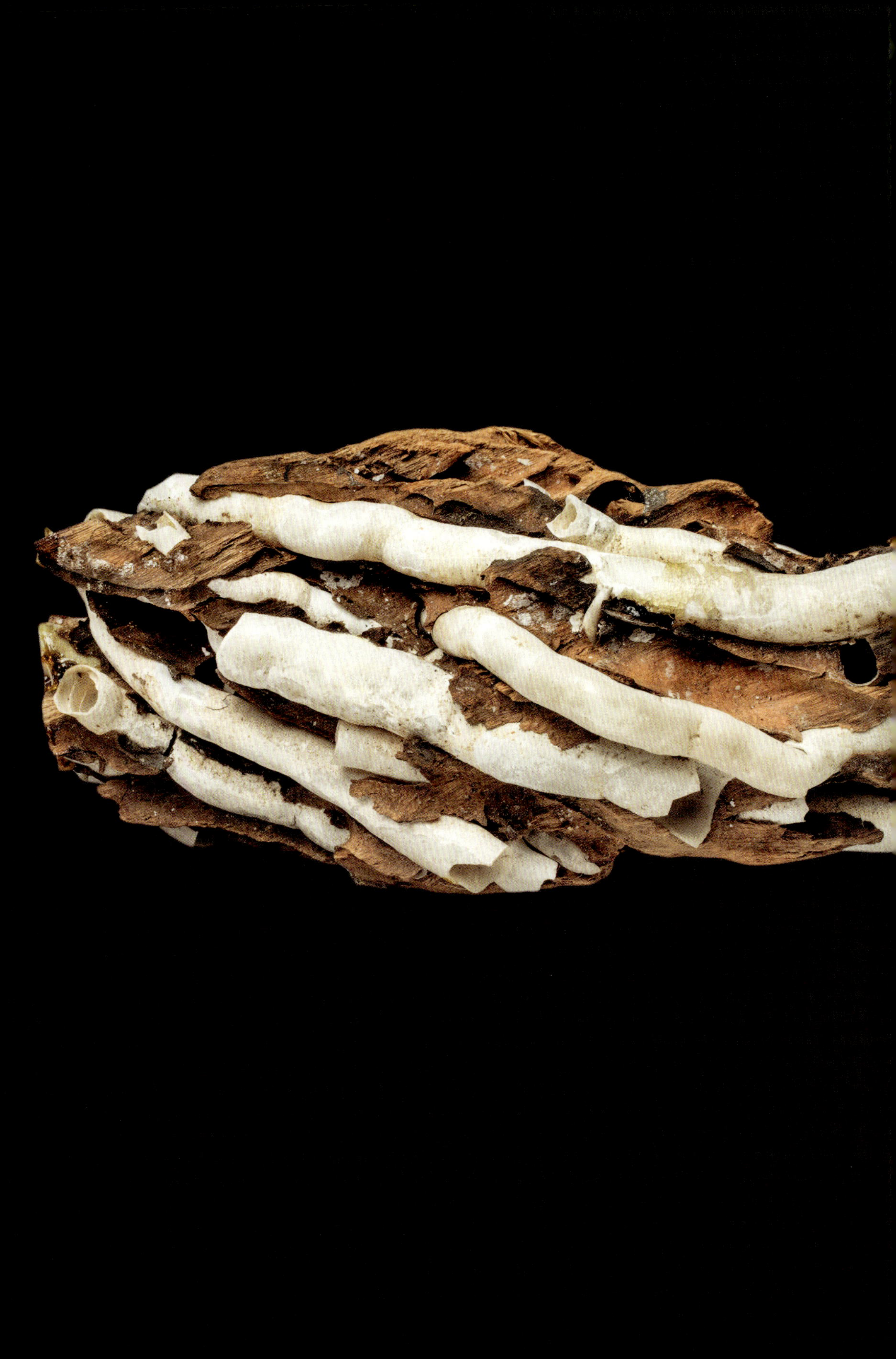

舰船蛆

Teredo navalis

舰船蛆的身体与蠕虫很相似，身体最长可达 1 米。与身体相比，它的外壳虽然小得不成比例，仅如头盔一般盖在身体前端，但它的确是如假包换的双壳类软体动物。舰船蛆称得上是世界上最具破坏性的无脊椎动物之一，它们对木船和滨水建筑物造成了巨大的破坏。它们用外壳的锋利边缘在木头上钻出一个个很深的洞，同时向洞壁上分泌出白垩状的物质以保护身体。从古希腊和古罗马时代开始，人们就已经发现了舰船蛆的这种能吃木头的本领，而这种能力甚至在人类航海史上为舰船蛆赢得了一席之地，因为"（舰船蛆）击沉的船只比海盗还多"。1502 年，哥伦布第四次前往美洲的航行以灾难性的结局收场，其原因就是他的几艘船因为舰船蛆造成的损坏而沉没。弗朗西斯·德雷克（Francis Drake）[1]的旗舰"金鹿"号（Golden Hind）也遭遇了被舰船蛆啃食的厄运，沉没于其位于伦敦泰晤士河的锚地。

分布

世界各地

尺寸

0.8 厘米

---

[1] 弗朗西斯·德雷克，16 世纪英国著名私掠船船长、航海家、伊丽莎白时代的政治家，译者注。

鹦鹉螺

Nautilus pompilius

鹦鹉螺是现生的头足类软体动物中唯一有真正外壳的物种。鹦鹉螺有一个由许多腔室组成的外壳，腔室通过腹管连接。它们有大约90只触角，其身体只占据螺壳的最后一个腔室，而且可以完全缩进去。随着它的成长，它会形成一个新的更大的腔室，在将身体移入新的腔室之后，就会将空出来的那一间封闭起来。在很久以前，鹦鹉螺的螺壳就已经被用于雕刻和装饰，但是直到17世纪，当欧洲，特别是荷兰的设计和雕刻工艺达到一个新高度之后，鹦鹉螺贝雕才真正引起人们的关注。在金银等贵金属底座上镶嵌鹦鹉螺外壳所做成的酒杯，会被主人放在珍品柜中陈列，也是最令收藏者垂涎的自然历史物品之一。

分布

印度洋－太平洋海域

尺寸

16厘米

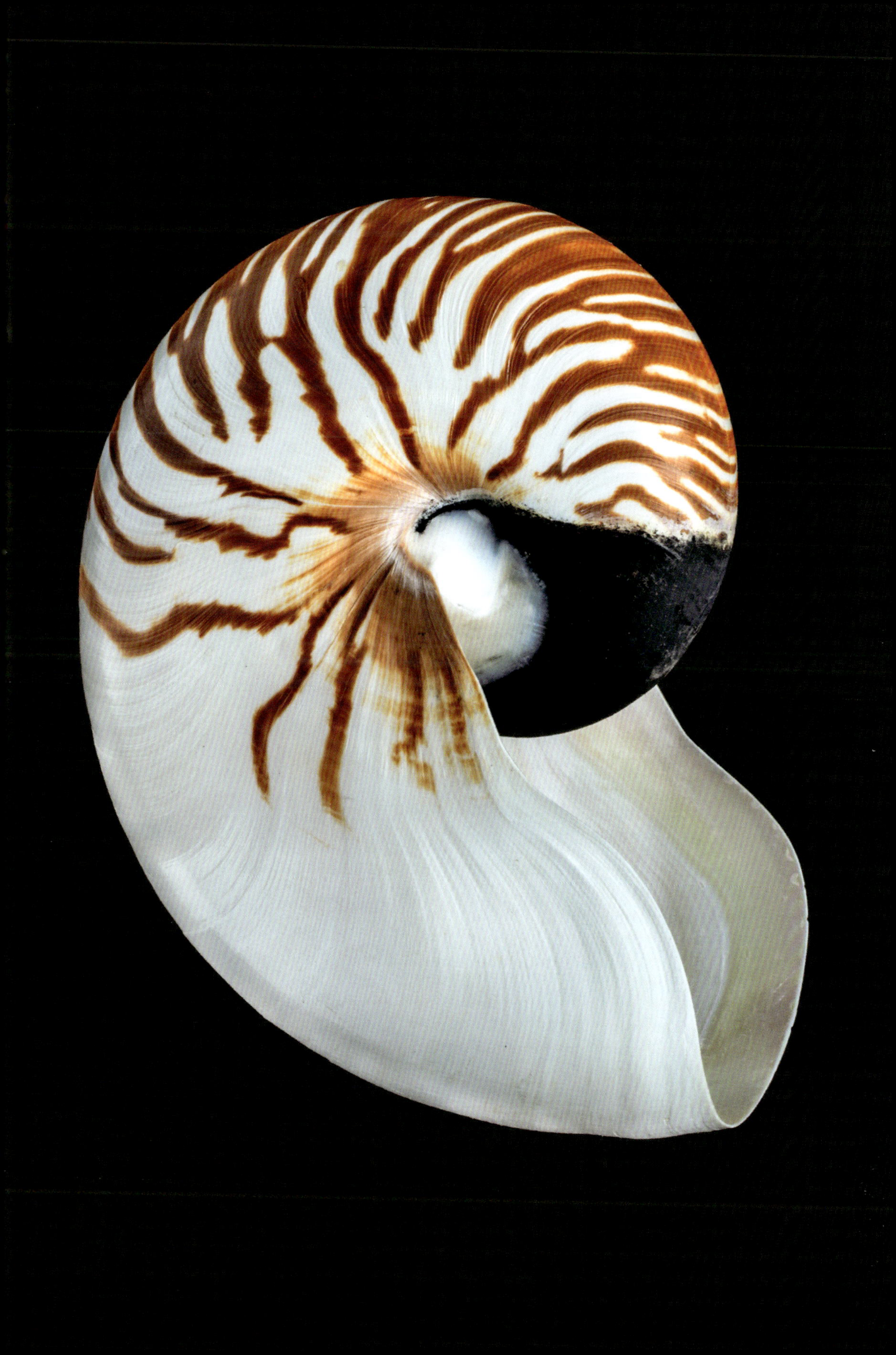

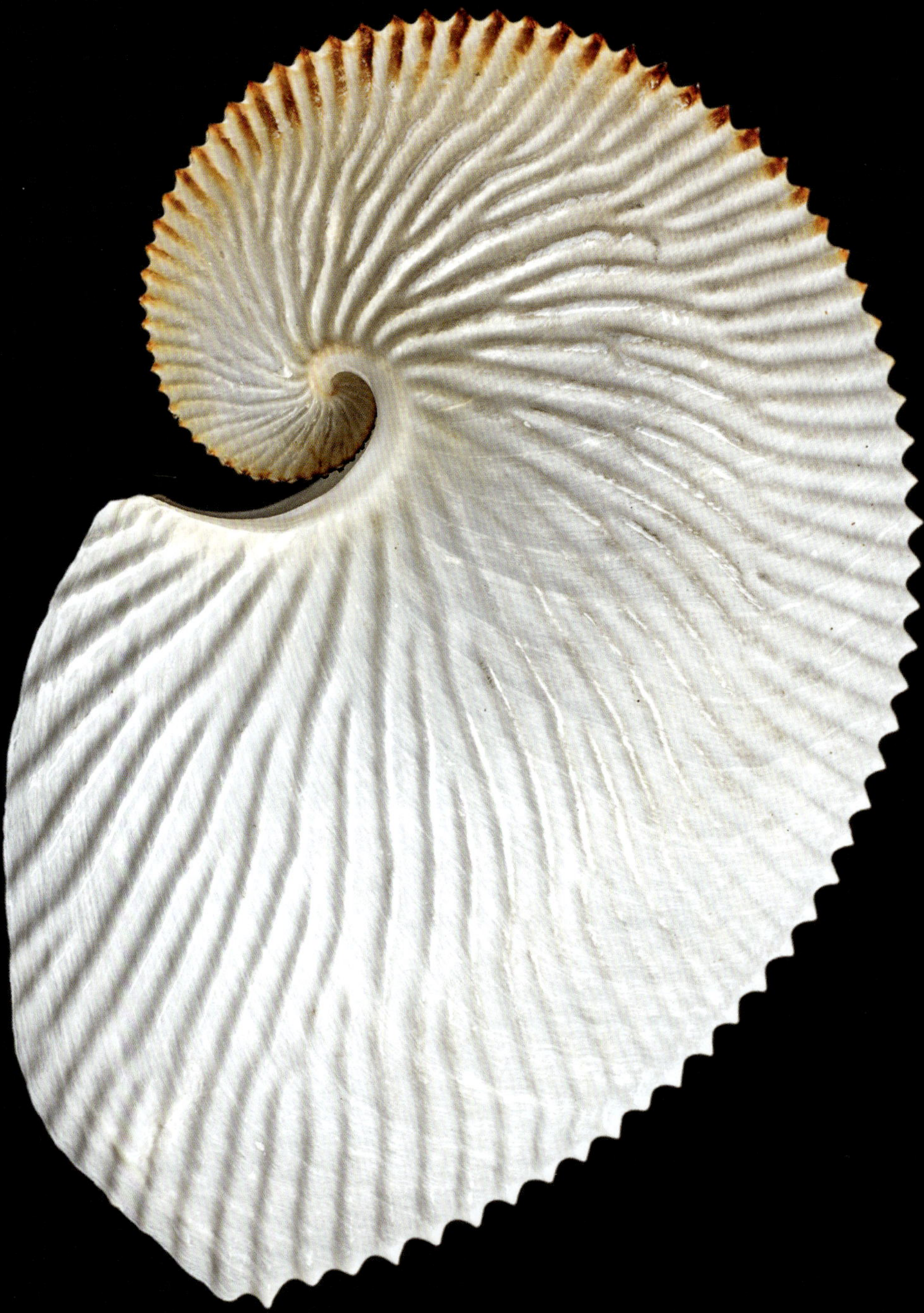

扁船蛸

Argonauta argo

扁船蛸，也被称为纸鹦鹉螺，虽然其外形看起来与鹦鹉螺更像，但其实普通章鱼才是它们的近亲。它们的外壳其实不是壳，而是雌扁船蛸用来保护受精卵的卵囊。雌扁船蛸的第一对腕很膨大，具有很宽的腺质膜，用以分泌和抱持船型的卵囊。雌扁船蛸将上千个受精卵置于卵囊之中，始终随身携带并保护着它们，直到孵化为止。而在小扁船蛸们成功孵化之后，这个薄如纸张的船形壳也就被抛弃了。

分布

全球温暖水域

尺寸

23 厘米

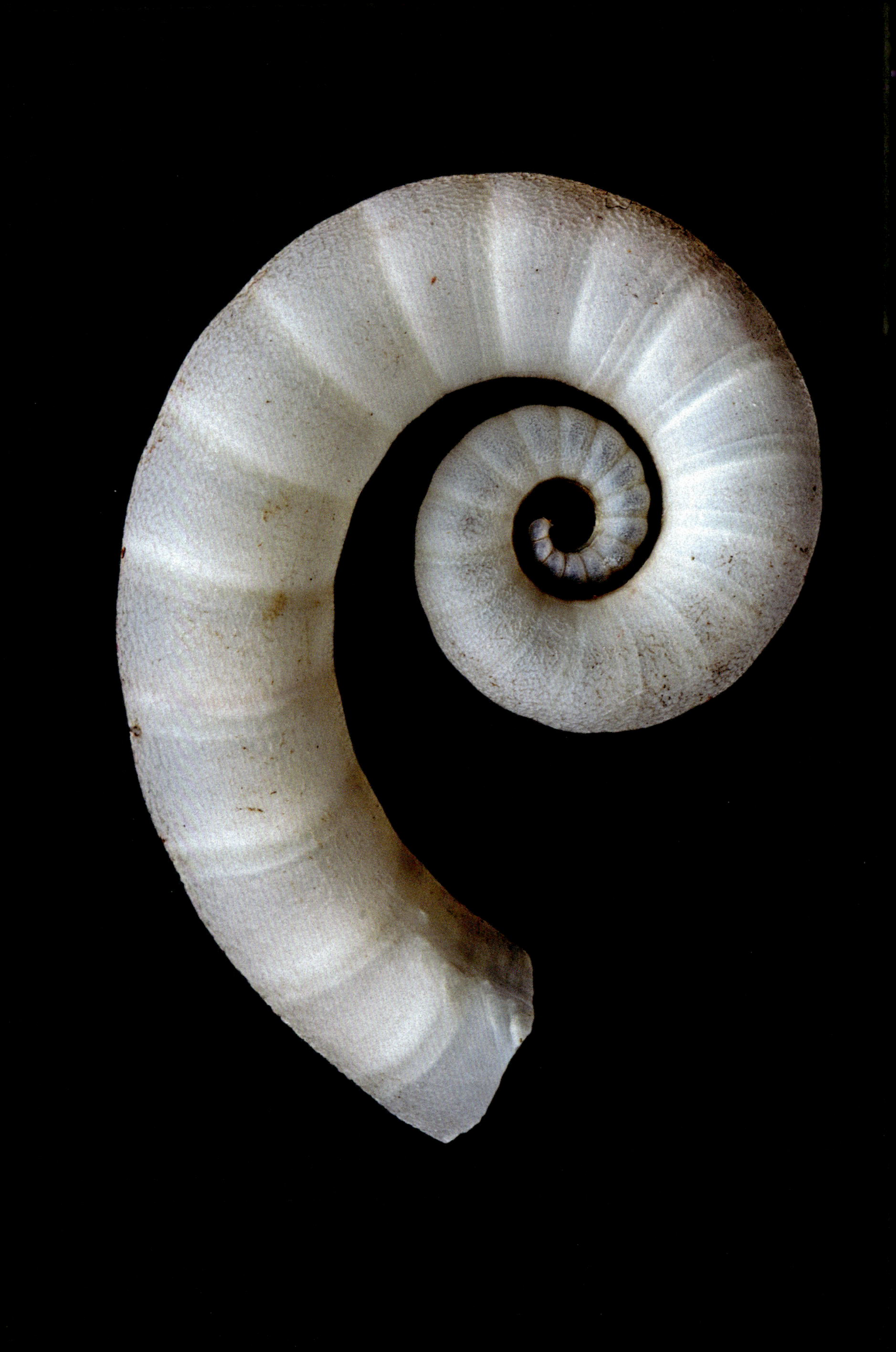

卷壳乌贼
Spirula spirula

卷壳乌贼是一种生活在深海中的小型软体动物，生活范围较为广泛，全球的温暖海域都有分布。不过，活的卷壳乌贼个体极少被人发现，通常人们只能看到被冲上海滩的卷壳乌贼体内的内壳。它们的内壳松散盘卷，内部有很多气室。卷壳乌贼白天在 500 ~ 1000 米的深度活动，而夜间则上浮至浅水区觅食。之所以能够如此大距离上下移动是因为它们能够用内壳的气室控制浮力大小，这一点与鹦鹉螺类似。

分布
全球暖水海洋

尺寸
2.5 厘米

疙瘩石鳖

Chiton tuberculatus

石鳖是一种海洋软体动物，其背部有 8 块壳板呈覆瓦状排列。这些壳板周围有一圈强劲有力的外套膜，又称环带。环带外形多样，有的很光滑，有的长有棒状、鬃毛状或是球状的棘刺。这种覆瓦状排列的背板让石鳖可以适应崎岖的岩石表面。当把石鳖从岩石上剥离时，它们会像土鳖和犰狳那样将身体蜷曲起来，用背板保护柔软的身体。图中这种疙瘩石鳖是加勒比海地区体形最大的石鳖物种之一，最大能长到 10 厘米，生活在岸边的岩石上。

分布
美国佛罗里达州至委内瑞拉，以及西印度群岛

尺寸
7 厘米

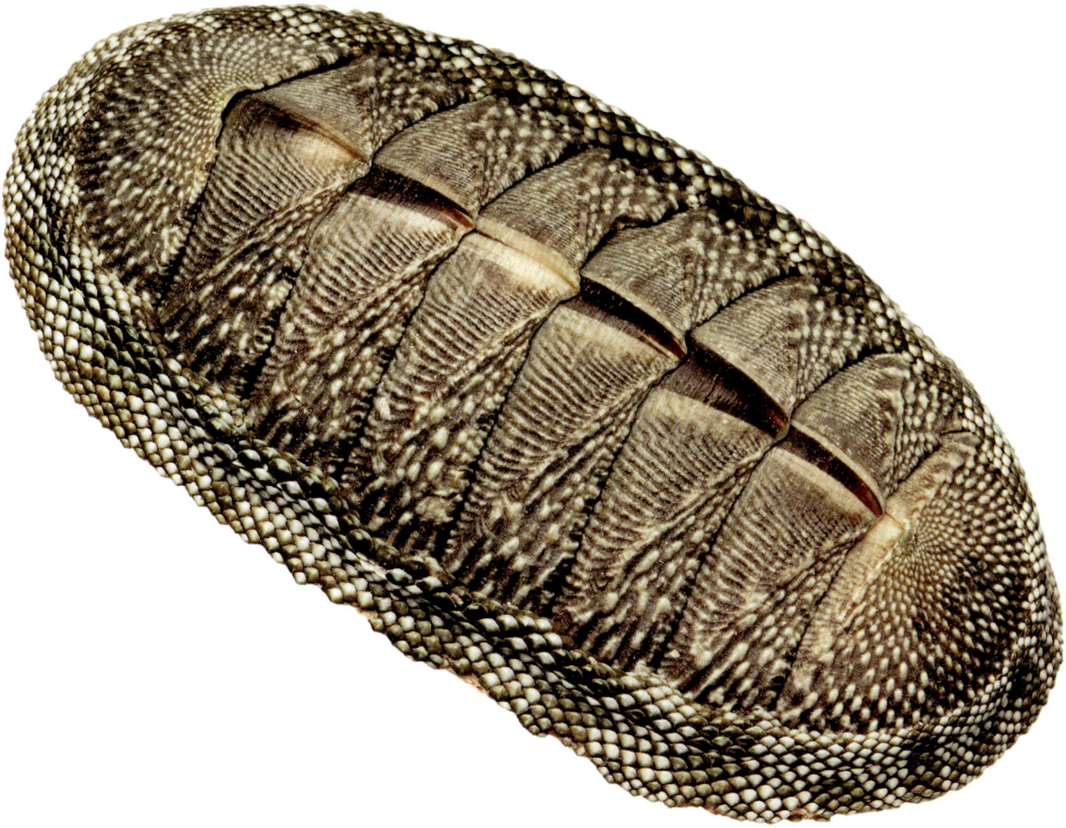

绿象牙贝

Dentalium elephantinum

在软体动物中，掘足类的种类和数量较少，它们最主要的特点是外壳细长弯曲，形似微型的象牙。掘足类软体动物都栖息在海洋中，从浅海到深海均有分布。它们把自己埋在泥沙中，只露出贝壳细端的一小部分。象牙贝没有头，没有眼睛，没有鳃，甚至连心脏也没有。它们伸出黏黏的触须粘住水中漂浮的有机物并拖入口中，这是它们的食物。象牙贝的足在较粗的那一端，通过足部持续的收缩，象牙贝实现了体内的水分和血液循环。而通过外套膜中的细胞，象牙贝能够从水中摄取氧气。图中的这种绿象牙贝比较常见，体长可达 10 厘米。

分布

红海至菲律宾

尺寸

9 厘米

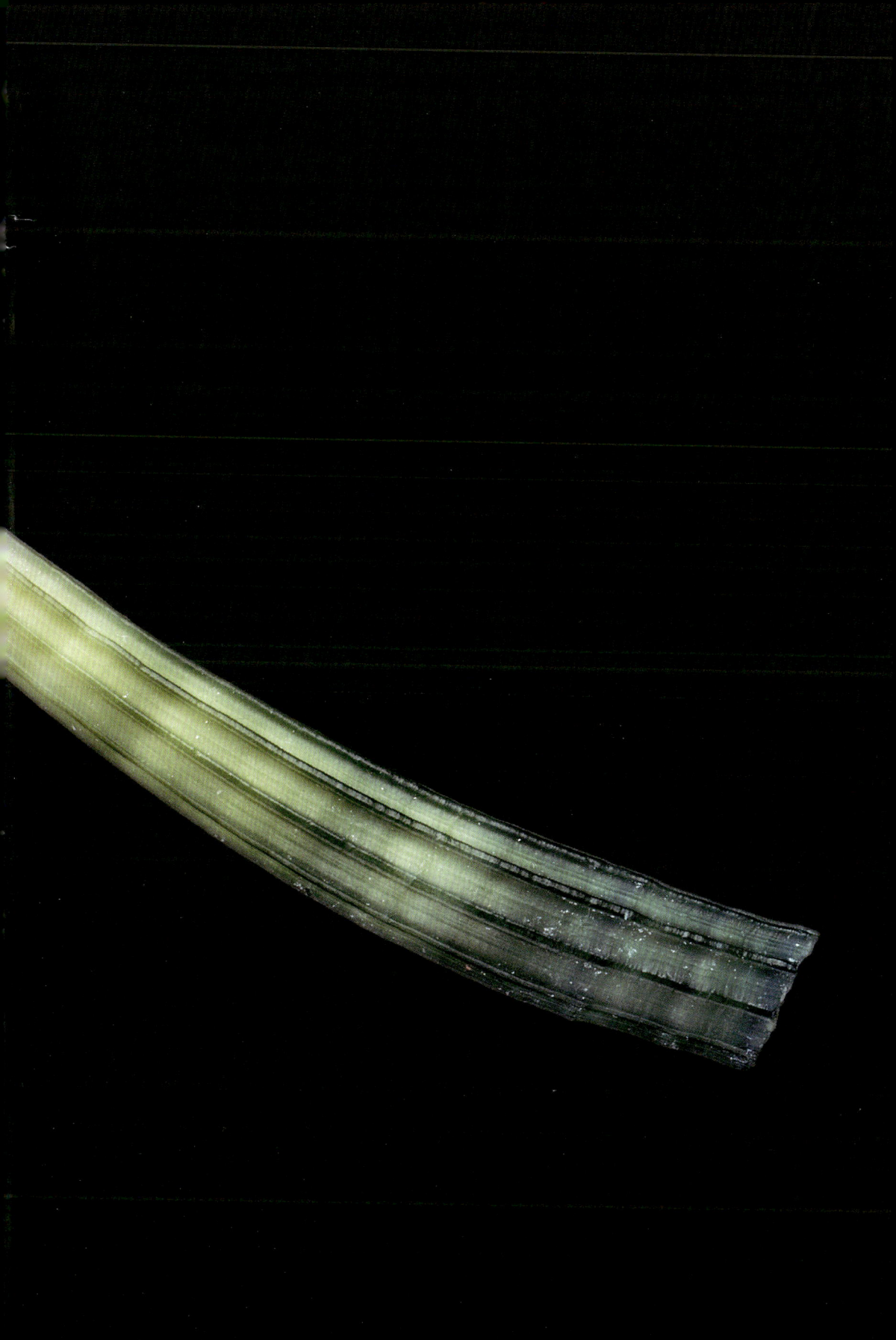

术语

深渊层（Abyssal）：海洋深处 4000～6000 米区间。

贝壳硬蛋白（Conchiolin）：贝壳中的一种硬质有机成分。

表生的（Epifaunal）：生活在水生环境中某种基质表面的。

软体动物学（Malacology）：研究软体动物的学科。

外套膜（Mantle）：包裹在软体动物身体外部的一层薄薄的组织，分泌形成外壳与角质层。

外套腔（Mantle cavity）：软体动物外套膜与内脏团之间的空隙，内有呼吸器官。

软体动物（Mollusc）：一种身体柔软、没有内骨骼的动物，通常有外壳。

远洋的（Pelagic）：在远离陆地的海洋中生存的。

齿舌（Radula）：软体动物（除双壳类）特有的进食器官，呈柔软的带状，上有多列锉形小齿。

虹吸管（Siphon）：（软体动物的）一种管状器官，有的由外套膜组织延伸形成，供海水通过。

基质（Substrate）：（某些生物赖以生存的）底部或是支持面，如海床、岩石以及珊瑚。

共生的（Symbiotic）：不同种类生物共同生活，且不会对其他各方造成伤害。

弓舌类软体动物（Toxoglossa）：这类软体动物的齿舌形状特别，能刺进猎物并注射毒液。

脐孔（Umbilicus）：在螺壳底部的中央腔，围绕脐孔形成螺纹

瓣壳（Valve）：双壳类所具有的两瓣外壳。

纵肋（唇留肋）[Varix (plural varices)]：螺壳表面边缘突出的隆起，是在螺壳阶段性停止生长时在壳口处形成的。

螺层（Whorl）：螺壳上的一个完整的螺旋。

虫黄藻（Zooxanthellae）：生活在扇贝等双壳类内部组织上的微型藻类。